CHINA, MEIN VATER UND ICH

ÜBER DEN AUFSTIEG EINER SUPERMACHT
UND WAS FAMILIE LEE AUS WOLFSBURG DAMIT ZU TUN HAT

父親,福斯汽車與中國

李德輝 ———著 區立遠 ———譯

FELIX LEE

目次

編按：書中部分品牌名或車子型號在台灣慣用原文名，然考量敘事背景為中國，故採當地中譯名處理。

台灣版序

一九四八年，我十二歲的父親以難民身分從南京來到台灣時，他以為只是短暫的流亡。未料直到二十九年後，他才再次見到在大陸的家人。那時的他完全沒想到，他人生的旅程會從台灣繼續前往德國，然後再到中國大陸，並成為當時領先的汽車製造商福斯汽車的高層。

許多朋友聽我講到父親的經歷時，都希望我把這段家族歷史寫下來，因為這其中匯聚了太多的故事：從民國時期在南京的童年、逃難到台灣，一直到海外華人的生涯。這些是許多我父親那一代的中國人不得不承受的命運，也是二十世紀給他們帶來的機遇。這些故事可以解釋，為什麼德國人在中國做生意如此成功，但同時也說明了，為什麼他們現在對於與中國的關係，以及是否應該與台灣站在一起，會感到如此掙扎；為什麼他們這麼難擺脫對中華人民共和國的依賴。

這本書是從我自己的角度寫的。我是一個記者，從小在德國長大，根源在中國，母親則是台灣人。這不是我父親的自傳。我努力用今天的視角去反思這些事情，也盡可能用調查研究來確保事實的正確性。

作為商業界的經理人，我父親的觀點常常跟我這個政治新聞記者不一致。然而在寫作這本書的過程中，正是這種觀點的對立與衝撞，讓我們更能深入了解我們與中國往來時的現實矛盾。這些矛盾目前在歐洲與亞洲正困惑著我們。

如果沒有從一九四九年起台灣的種種支持，我父親的人生故事就不可能是後來的那樣了。是台北街頭上一位善良的腳踏車店老闆給我當時一貧如洗的父親提供了薪金和棲身之地。是一對教師夫婦讓他的教育能走上正軌。作為一名失去父母照顧的少年，他有機會在台灣上高中，之後進入大學，最終前往德國，在那裡成為福斯汽車的工程師並建立一個家庭。我們全家始終對台灣心懷感激。因此我很高興這本書能用繁體中文呈現給讀者。

李德輝，二〇二四年十二月於柏林

前言

今天的中國主導著世界局勢。但情況並非一直如此。直到七〇年代末，中國還是一個完全貧困、落後和封閉的國家，跟今天的北韓差不多。當時德中之間幾乎沒有任何往來，無論是政治、經濟還是私人之間。我的童年時期在狼堡[1]度過，那時大多數人對中國還是一無所知。跟我相同年齡的孩子對這個國家唯一的認識，是來自冒險故事《小鈕釦吉姆》，書裡的中國人都是些奇異的生物，有些甚至還沒有一粒米大。有一次在街上，有兩個孩子小聲地講到我：「你看，一個中國人。我從來沒看過一個真正的中國人。」跟我家有來往的少數中國人，多半也是來自香港或台灣，而不是來自中華人民共和國。一九七九年冬天，我父母第一次帶我和比我大兩歲半的哥哥去中國，讓我們認識在南京的親戚。當時我四歲。我記得到處又冷又潮濕，沒有一家有暖氣。我的祖父母只有最基本的生活必需品，除了幾件從過去比較好的時代，在毛澤東推行共產主義之前留下的物品之外。我的父母、哥

1 編注：Wolfsburg，又譯沃爾夫斯堡。

哥和我緊緊地靠在一起，裹著厚厚的棉被坐在他們的床上，試著互相取暖。在擠滿人的街上，人們都盯著我看。儘管我長相就像中國人，但是從我色彩鮮明的冬天夾克和燈芯絨褲子，那些穿著藍色與灰色制服的當地人一眼就能看出我來自國外。那種感覺很壓抑，所以回到狼堡時我很高興——我在這裡出生，七〇和八〇年代在這裡長大。我從小備受呵護，家境優渥，住在帶花園的獨棟住宅，家裡有兩部汽車，我還養了天竺鼠。我父親是福斯汽車的工程師。許多年前他從中國逃難出來，離開了他的家庭，並在經歷一些冒險後，獨自到了德國。他不能回到他的祖國，而且也不想回去。隨著毛澤東一九七六年去世，中國對外開放，情況開始改變了。一九七七年底，我父親就去了一趟中國。他將近三十年沒見過父母，這時終於可以去探望他們了。不久之前，他才剛取得德國國籍，之後不久，他也將成為第一批西方工業經理，負責為德國公司策劃進入中國市場。在接下來的二十年裡，他幫助福斯汽車在中國擴張，而且成果豐碩。福斯先在上海建立了一家工廠，然後在中國北方城市長春又建立了第二家工廠。對福斯汽車來說，這就打開了一個擁有超過十億人口的新市場。

我十歲時，父親為福斯汽車前往中國工作。從一九八五年夏天到一九八八年初，我和家人住在北京。那是自由化的初期，特色是財富逐漸成長，社會與經濟也快速變化。從那時起，我就定期拜訪在南京、台灣、香港的祖父母、姑姑、叔叔、以及堂兄弟姊妹。我每次去都能觀察到，他們的物質生活一直在改善，儘管跟德國比起來，他們的收入和財產還是比較少。但是隨著時間，他們能夠負擔愈來愈好的生活，而且有幾位甚至比我在柏林的德國朋友圈更有錢。二〇一〇年春，我以外國通訊記者的身分來到北京。在接下來的九年裡，我為德國《日報》和其他德文媒體報導中國勢不可擋的經濟崛起，報導福斯汽車、賓士（Mercedes）、西門子（Siemens）以及所有其他德國公司的新聞。中國早已成為這些公司最大也最重要的海外市場。同時，我也親身經歷了政治自由化的希望逐漸消失的過程，儘管在好幾年的期間裡這種自由化的跡象確實曾經存在過。從二〇一三年起，在習近平領導下的中國變得更強調意識形態，對異議者的打壓更為嚴厲和殘酷，對鄰國和整個國際社會也更具侵略性和沙文主義。

作為一名來自德國的記者，我很快就不像八〇年代作為一位汽車公司經理的小孩那樣受歡迎了。目前，外國記者雖然還可以從中國通訊報導，但這是官方不樂見的。我也多次感受到這一點，比如在延長簽證的時候被公安部請去「喝茶」，並被要求回答關於我德國同事的問題。或者在維吾爾族省分新疆進行採訪時，我被特務跟蹤，當地突然沒有人願意跟我交談。

我家族的歷史跟中國的崛起是緊密相連的。最重要的是，我父親走過的道路，從起點一直到最後的發展，在中國近代史上都深具代表性：他在內戰的動盪中逃離共產主義，以難民少年的身分在台灣艱難度日，在德國辛苦工作並事業有成，然後把福斯汽車帶進中國。

我從童年起就對他的故事不陌生。我們以前沒有太多時間相處，但是每次有機會聊天時，我總是注意到，父親講起他的故事是多麼熱切。退休後，他開始環遊世界，但其實他一直都在這麼做。現在他已經八十六歲了。在過去幾年裡，我對他做了很多次深入的訪談，我們翻出許多照片和文件，研究了他所參與事件的過程。我也回顧了自己在狼堡與中國之間來回度過的童年和少年時期。

這是我父親的故事，也是我自己的故事。同時，這是一個關於中國和德國的故事，關於兩國經濟合作的開端和許多方面的發展，以及這些發展所帶來的社會變遷，特別是在中國的改變。先說一點：一開始是中華人民共和國依賴德國，今天這個關係卻顛倒過來。在這個過程中，有一個汽車公司扮演了核心的角色：這間公司德文稱為Volkswagen，中文則稱為福斯汽車[2]。

李德輝，二〇二三年於柏林

2 編注：台灣譯名。中國譯為大眾汽車，港、澳譯為福仕汽車，新馬音譯為福士偉根。

CHAPTER 1 狼堡的轉折點

工廠大門前的中國人

「文波，你還能講你的母語嗎？」一九七八年四月十七日，福斯汽車公司新聞部的一位同事在電話裡緊急地問他。文波是我的父親，當時他是福斯汽車在狼堡負責節能引擎的研發主管。不久前他才因為第一台酒精動力引擎而登上了《畫報》，標題是「探索新燃料」，下面有很大一張他的特寫照片。直噴式引擎當時還是一項很新的技術，之前主要使用在昂貴的車款上。現在要開發的是一種適合大眾市場的改款，要用在每個人都買得起的汽車上。這也牽涉到替代燃料。雖然氣候變遷和二氧化碳排放在那時候還沒有成為議題，但是一九七三年的石油危機仍然留在許多人的腦海中。關於酸雨和森林死亡的首批報告也已經發表。有害廢氣的排放不能永遠這樣持續下去，這也是我父親的部門研究的問題。二十年後，他的團隊當時正在研發的汽油直噴式引擎（FSI），將它用在福斯的路波（Lupo）車款上，但是在當時，那還是遙遠的未來，也不是當天早上他接到那通電話的原因。

你可以過來一下嗎？電話裡對方問他。工廠門口來了幾個中國人，沒人知道他們想做什麼。其中一人自稱是中國的機械工業部部長。

我父親當然還會說中文。不過他懷疑工廠門口是否真的來了一位中國部長。他甚至認為那些不太可能是來自中華人民共和國的人。他猜那幾位先生更可能來自日本，也可能來自東南亞。很多德國人分不清亞洲人的外貌，他這位新聞部的同事也不例外。我父親自己就常常被誤認為日本人或越南人。

我父親穿上外套。春天的陽光透過辦公室的大窗戶照進來。那天是星期一。辦公室還留著一點週末的氣氛，一位同事端著咖啡悠閒走過時，打了一個很大的哈欠。我父親巨大的辦公桌上躺著一張設計圖。當時雖然已經有了電腦，但是大多數工程師仍然在紙上工作，因此需要許多空間。他的辦公室位於一座延伸很長的長方形建築內，在實際廠房區域之外。這座建築被稱為FE，是德文「研究與開發」（Forschung und Entwicklung）的縮寫。所有狼堡人都認得這座醒目的白色建築，建築正面有向前突出的棕色樓梯間。在當時，那是這座城市最現代化的建築。在駕車會見意外訪客的路上，父親腦裡還想著數據分析和測試結果，也有點好奇會遇到誰，但是他完全沒有預料到，這個早晨不只將徹底改變他的人生，還將寫下德國和中國的經濟史。當時中國的事對他來說已經是過去式了。

狼堡的南京人

在中國，人們會問你的第一個問題常常是：「你是哪裡人？」而且由於中國如此廣大，光講某個省分是不夠的，人們期待知道的比如是青島人、北京人、廣州人、寧波人或上海人這樣的回答。對於這個問題我通常回答，我是南京人。因為那是我父親出生的地方。當他們發現我的中文聽起來一點也不帶南京口音，反而更像來自福建或台灣的口音時，我就會解釋，我父親早年去了台灣，我在那裡也有許多親戚。在中國南方以及台灣，漢語中常用的捲舌音「失」會被發成尖銳的不捲舌音「斯」。

然而在台灣，許多人覺得我聽起來像北京人。因為在北京，許多詞常常帶有捲舌音「兒」，就像美國人發「r」音一樣。這時我就會回答說，這不奇怪，因為我十歲起在北京住過兩年半。我可能在那段時間裡學到了當地的口音。但是當人們終於與我用中文聊上一段時間，他們會發現，上面這些說法全都不對。從我有限的詞彙量以及一些錯誤的表達方式，他們會發現，我根本不是來自中國。真要說起來，我其實是狼堡人。

儘管我從小就在中國文化的氛圍中長大，比如我家的客廳裡總是有幾個中式的黑漆器花瓶和一些瓷器茶具。晚餐通常是中式的：我們吃米飯，我母親會用從狼堡市政廳前的市場買來的食材隨興做幾道菜。我和哥哥也學會用筷子吃飯——儘管直到今天我拿筷子的方式還是錯的。我有黑頭髮和瞇瞇眼——當時我們也這麼形容自己——而且我的個子不高。一直以來，我把這些特徵歸因於我的中國血統。不過後來我不得不承認：即使照中國的標準，我也算是相當矮小的。我哥哥就比我高得多。

一九七八年四月十七日這一天，我還不到三歲，正在上一所天主教幼兒園。中國是一個遙不可及的地方。不只對我們，對其他狼堡人，甚至對大多數西德人來說都是這樣。當時沒有來自中華人民共和國的留學生，成人學校沒有中文課程，此外也幾乎沒有人員往來，更不用說有什麼商業關係。中國已經完全與外界隔絕三十年，聯邦德國與中華人民共和國到一九七二年也沒有外交關係。甚至直到一九七一年，中國在國際法上都還沒有得到承認。在聯合國安理會中，坐落於小小島嶼的中華民國政府代表的是幅員遼闊的中國。德國報紙在北京或上海沒有派駐記者。西德媒體上偶有的少數中國報導，都是關於獨裁者毛澤東。極少數左翼激進學生可能會認為，毛澤東是一個在西方的帝國主義、東德和蘇聯等摧殘自由的現存社會主義之間，選擇了自己道路的一個「偉大領袖」。但是對於大多數西德人來說，他是一個良心上背負許多人命的殘暴統治者。在狼堡，唯一的中國就是羅騰費爾德街上的中餐廳。

作為小孩，我不喜歡中文。因此我學得很差。雖然父母用中文對我說話時我能聽懂，但是我通常用德語回答。「講中文」，這句中文我今天都還如在耳旁。父母總是要求我和哥哥講中文。但是我周遭的人都說德語：幼兒園、鄰居、來訪的朋友。即使我偶爾用中文回答父母，每三個字就會夾一個德語字。現在我們家人交談有時候還是這樣。我稱之為蹩腳的中文。

一九七八年春天，我父母正準備買一棟獨棟房子。在這之前，我們住在韋斯特哈根，這是一個全新的市區。這一區是我出生前幾年發展起來的。很多人今天認為那些是醜陋的預製板房屋。但是當時的韋斯特哈根的居民並不這麼覺得。那時候的住房非常缺乏。而且這個高樓住宅區就位在森林邊上，周圍有很多綠地和小孩遊戲的地方。這些公寓一般都被認為是現代化的。每棟樓前都有足夠的停車位。街道寬敞，開車很方便。街道是按照東德的城市命名，可能是為了改善東西方關係的緣故。韋斯特哈根幾乎沒有人是狼堡本地人，幾乎全是外地來的。而且差不多都是相同時期搬來的。大多數家庭都有跟我哥哥和我差不多大的孩子，每家至少有一輛車，通常是高爾夫（Golf）、帕薩特（Passat）或波羅（Polo）。而且所有人都在福斯汽車工作。也有的是移民，許多來自義大利，一些來自西班牙、希臘、南斯拉夫或土耳其。我對所有跟我一樣，看起來像外國人的孩子特別有親近感。沒有中國人住在韋斯特哈根。在我們後來搬去的格羅瑟克萊——位於狼堡郊區的獨棟住宅區——也沒有。這一區的人也都在福斯汽車工作，但是跟韋斯特哈根的預製板住宅區不同，這裡住的不是生產線上的工人。這裡大多數的父親都是部門主管。每家門前都停著兩輛車，通常是父親開的帕薩特或奧迪，妻子開的第二輛車則是高爾夫或波羅。我們小孩子可以從車牌跟車款認出彼此的父親在工廠是什麼職別。

狼堡只有另一個中國家庭。而且他們是來自台灣。他們經營著羅騰費爾德街上那家中餐館。老父親是廚師，母親負責櫃檯。大兒子也在廚房工作，大女兒管帳，二女兒做服務生。小女兒還在上學，只比我哥哥和我大幾歲。他們常常邀請我們星期六晚上去他們的餐館吃飯。但是要等到大多數客人離開後才開始吃，大概晚上十點。在開飯之前，我們小孩子常常待在廚房後面的儲藏室裡。儲藏室的箱子上有一台黑白電視，第三台在這個時段會播放恐怖片。兩家人都坐到有轉盤的圓桌上時，豐盛的菜餚就一道一道地被端上來。有湯、魚和蝦。幾乎每次都有我最愛的兩道菜：德文說「皇宮侍衛的雞肉」，也就是宮保雞丁，以及甜而帶酸的鳳梨咕咾肉。

每次我們來拜訪，父親都堅持要我們先去向老廚師打招呼。我們必須走進他那悶熱的廚房，跟他握個手。作為回禮，他會把準備做宮保雞丁的剛烤好的腰果塞進我們手裡。這道名菜在中國通常都是用花生做，我到今天都還不習慣。對我來說，只有用腰果的才是真正的宮保雞丁。而且所有菜都有濃郁的醬汁。這在中國並不常見。多年後，我們已經在北京生活了幾個月，我問父親什麼時候才能吃到真正的中國菜。我總覺得北京的菜肴缺了濃郁的醬汁，宮保雞丁也少了腰果，不像我在羅騰費爾德街的中餐館吃到的那樣。

我母親不喜歡狼堡。除了古老的水城堡[3]和一座中世紀教堂外，狼堡幾乎沒有什麼建築物超過四十年歷史。狼堡於一九三八年由

3 譯注：狼堡一座四周有護城河的城堡。

李德輝在狼堡的韋斯特哈根行第一次聖餐禮，一九八四年春天

阿道夫·希特勒創建，最初名為「KdF汽車城」(「Kraft durch Freude」意為「歡樂生力量」)[4]，是聯邦德國最年輕的城市之一。這裡沒有殿基時期的建築[5]、沒有古老的城牆或宏偉的歷史大道。街道看起來毫無特色。甚至周邊的湖泊也是人工建造的。這一切都不符合我母親對一座中歐城市的想像。不過我卻很享受一九七八年慶祝建城四十週年時在阿勒爾公園舉行的大型煙火表演。

母親是小時候跟著她的父母以及三個弟妹從中國大陸逃難到香港的。他們住在一個叫調景嶺的村子裡，住在那裡的絕大多數都是難民。我母親當時十七歲，一位比利時傳教士安排她和村子裡其他年輕女孩子到歐洲接受護士教育。因為在那裡，尤其是在中歐，早在六〇年代就已經出現護理人員短缺的問題。一九六七年，我母親在德國中部的雷姆沙伊德完成了教育。對她來說，再回到香港或甚至中國大陸是不可能的。她很清楚，無論如何再也不要逃難與貧困！而這也意味著，永遠不要回中國！她很高興能來到富裕的西方，儘管她更願意住在另一個城市。她希望我們一家能在德國落地生根。

我和比我大兩歲半的哥哥都受了洗，上了天主教幼兒園，後來又上了天主教小學。我母親也積極參加當地社區的活動。我們參加了在哈茨山和阿默蘭德島舉行的教會休閒活動，我甚至成為一名輔祭。我們之所以從小就是虔誠的天主教徒，這跟我母親如何接觸到天主教會以及受他們幫助有關。正如同下面將提到的，我父親的情況也是一樣。但是背後還有我父母的想法，他們跟當時許多身處海外的中國人的想法一樣：在一個新的國家裡，你在哪裡可以很快且容易地建立關係？那就是在教會了。

我小時候有很長一段時間都覺得，沒有什麼比聖誕樹下的耶穌誕生馬槽更令我喜歡了。小馬廄是紙漿製成的。父親在裡面裝了一個小燈泡，讓聖嬰被照亮。當教區舉辦母子陶藝活動時，我做的都是馬槽人物，即使在夏天也不例外。鄰居家的女兒曾經對我說：「你簡直比教皇還虔誠。」

我記得，至少在某些時期，父親比母親更關心祖籍和身分認同的事，以及我們這些兒子如何看待這些問題。母親只希望我們像周圍的其他孩子一樣長大。這很大程度也實現了。然而，三不五時我還是會被提醒自己是個異類。比如當我和母親在市中心時，會有人指著我說：「哦，好可愛，一個中國人。」或者：「看，一個瞇瞇眼。」我確實感覺這是一種侮辱，但我那時候對種族歧視還沒有什麼概念。即使聽到有人發「青鏘匆」這樣的聲

4 譯注：「歡樂生力量」是納粹的大型休閒組織，KdF汽車是希特勒的一個計畫，意在為德國工人提供可負擔的國民汽車（Volkswagen）。福斯汽車後來就是從這個計畫和理念誕生。

5 編注：Gründerzeitbauten，德國奧地利十九世紀的一種建築風格。

音[6]，我也知道這不是友善的意思。但我試著不讓這些侮辱影響到自己。畢竟，我的父母也對此置之不理。

當我八、九歲時，父親曾對我和哥哥說：「孩子們，不管你們多麼覺得自己是德國人——對德國人來說，你們永遠都是外國人。」然而即使在中國，我們也永遠是外來者。即使外貌上可能不是，但是從我們的行為與思維方式來看，我們在那裡也永遠不會真正地融入。他的結論是：不管我們身在何處，我們都必須比其他人更努力，永遠要比別人更優秀一點才行。

後來我常常回想父親的這番話。這些話是基於他的親身經歷。但這是否也適用在我身上呢？高中時有一次上美術課，老師要我們用版畫呈現一個故事。我們用雕刻刀和鏤空刀刻出主題圖案，在版上塗上黑色顏料，再轉印到紙上。我對這種美術技巧的興趣並不大。但是美術老師要我們刻的那個故事，卻深深觸動了我。故事是一個小矮人在令人畏懼的巨人之間長大。當他離開巨人去尋找同類，並最終找到時，卻發現自己在小矮人的世界中並不舒服，而想要回去。因為他只懂得如何在巨人之間生活，別的什麼都不會。我在這個故事中看到了自己的影子，而且了解到我和父親處境的差別所在。我父親從小就知道生活在同類中是什麼樣子；他剛來德國的時候完全是個異邦人。他必須辛苦地適應新環境。但我卻不知道生活在同類中是什麼樣子；我永遠都是「不一樣」的那一個。跟別人不同，對我來說才是常態。

然而也正是多虧這種介於德國和中國之間的特殊地位，才給我父親（以及日後的我）的職業生涯打開了一條寬廣的道路。而這一切是從新聞部的一通電話開始的：他們通知我父親，總部大門口來了一位中國的機械工業部部長。

福斯汽車高層接待高官

在這之前，我父親很少有機會走進著名的集團總部大樓。這是一棟正面是褐色磚牆、屋頂上有巨大的福斯汽車標誌。這也是狼堡最高的建築物。福斯的老闆們——官方的稱呼是董事會成員——就在十二樓與十三樓的最頂層辦公。

當我父親來到大樓，入口處果然站著五位中國人。有人已經把他們從工廠大門口接到這裡來。我父親一眼就看出來，他們既不是日本人，也不是台灣人，更不是從美國來的華僑。他們當中有四個人穿西裝打領帶，一個人穿著藍灰色的上衣和同色長褲：那是從一九

6 譯注：德國人一般假裝講中文所發的無意義的聲音。

一二年民國成立以來在中國很常見的制式服裝。

福斯生產主管與董事會成員君特．哈特維希正在對他們說簡短的歡迎詞。那些人看起來有些不知所措，但是當他們一見到我父親，表情就高興起來了。能看到一位同胞，他們明顯地輕鬆了不少。而當我父親開始用中文跟他們交談時，他們表現地更熱絡了。其中一位，從舉止上看來顯然是為首的領導，名叫楊鏗，是我父親從來沒聽過的名字。因為這許多年來，中國對他來說已經變得非常陌生，幾乎跟其他大多數從來就不認識中國的德國人差不多。楊鏗自我介紹是中華人民共和國的部長，主管農業及工業機械。「我們來這裡，

中國考察團在福斯總部大樓的接待大廳，狼堡，一九七八年四月
中間是農業與工業機械部長楊鏗，在他右邊是李文波

是因為對商用汽車有興趣。」他說。

商用車？我父親不知道該怎麼看待這件事。他想必露出狐疑的表情。不待請求，那位自稱部長的從口袋裡掏出一張折著的紙，上面是打字機字體打出的考察團成員的名字。今天在中國與人見面一般是彼此交換名片，但當時他們沒有這種東西。楊鏗的職稱就白紙黑字地列印在他的名字後面。

這時，除了新聞部門的工作人員，韋納・施密特（Werner P. Schmidt）也到了。公司裡的人都稱他WP施密特，他是福斯汽車的銷售主管，也是董事會的成員。這位高官的來訪讓他十分訝異。對我父親來說，除了也在現場的研發董事恩斯特・費亞拉之外，這是他第一次跟董事會成員打交道。當時福斯汽車已經有超過六萬名員工，上下層級的距離非常大。有機會跟一位董事會成員見面握手的人並不多。所以在這個時刻，比起一位連名字都沒聽過的中國部長的到訪，跟董事會高層握手這件事更令我父親感到震撼。

施密特和費亞拉理所當然地想帶考察團去參觀工廠和介紹汽車產品。但是這位部長顯然有自己的想法。「你們這裡也生產小貨車嗎？」他問道，並請我父親代為翻譯。施密特搖搖頭。透過我父親，施密特向部長解釋，所有商用車都在漢諾威的工廠生產。「在狼堡總廠這裡，我們只生產小轎車。」參觀漢諾威的工廠應該沒有問題，不過得等到次日。

當晚福斯董事會在集團的官方招待所羅特霍夫酒店宴請這些來自遠東的訪客。東道主是生產董事君特・哈特維希。當時董事會一時也找不到專業的德中翻譯。今天在狼堡工作的中國員工已經數以百計，但是在當時的狀況遠遠不是如此。所以他們就請我父親擔任翻譯。

晚宴的氣氛一開始相當拘謹。哈特維希問部長住得滿不滿意，德國的食物合不合胃口。楊鏗點頭表示感謝關心。雙方繼續客套寒暄，但無法真正開始對話，更不用說有什麼熱情的交流。德方出席的人對中國所知如此之少，以至於幾乎不敢提出問題。但是中方這邊也是如此。一直到哈特維希請大家到壁爐旁

一九七八年四月中國考察團在狼堡一座廠房參觀。中間是李文波，右邊是新聞部的威爾・沃爾夫以及農工機械部部長楊鏗，最左邊是整車研發處負責人沃夫岡・林克

喝一點酒，氣氛才逐漸輕鬆起來，部長也開始說明他此行的目的。楊鏗的任務是要拓展中國的汽車工業。中國當時主要是生產曳引機與卡車，現在則想增加公路運輸的商用車，也就是巴士和重型卡車。部長直率地承認，他們國家在技術上非常落後，缺乏相關知識。這就是他來德國的原因。他想參觀德國的車輛製造廠，向他們學習。他完全沒有提到買車的事。

當天晚間的談話顯示，這次狼堡的拜訪是臨時起意的。原本考察團只打算參觀賓士（Mercedes-Benz）的商用車部門，由位於波昂的中國大使館所安排。然而當他們在斯圖加特市區行走，部長注意到許多車輛都有福斯（VW）的標誌。在詢問之下，他得知這些汽車是在狼堡生產的。於是楊鏗就直接帶著考察團上了火車，前往這座福斯汽車之城，也沒有通知中國大使館。從德國人的角度來看，即使在那個年代，一位中國部長在外國出訪期間竟然連一位了解當地狀況的陪同人員都沒有，簡直是難以置信。但是對中國政府官員來說，出國完全是新的事情，他們對此並沒有經驗。看來他們覺得臨時改變行程是很正常的。

在壁爐邊的談話中，部長重申了他一早見面時所說的話：他的國家對商用車有興趣，但是對小轎車則否。中國太窮了，開不起小轎車。連鋪了柏油的道路都不多。此外他的國家人口太多，城市太擠，根本沒有停車的空間。「小轎車最多只能坐五個人，我們用不著這種車」。楊鏗強調，「我們國家不適合發展完整的小轎車產業。」他需要的是可以載運貨物的實用車輛，以及可搭乘八人以上的小型巴士。在翻譯這些話的同時，我父親注意到主管生產的哈特維希好幾次皺起眉頭。至此他一直還沒有發言。他顯然很不確定該怎麼看待這些來自遠東的訪客。不過突然之間，哈特維希似乎覺得出現了一個機會。他開口反對部長的說法：「一個發展中的國家真的需要小轎車。」接著他詳細地說了他的看法。

他描述了二次世界大戰後德國如何滿目瘡痍，人民當時承受了何等的苦難。戰後最初幾年，幾乎沒有人有錢買一輛自己的車，沒人能想像，不久後每個家庭都能負擔得起一輛私家車。但這正是福斯汽車當時設定的目標：一輛屬於平民大眾的車，每個人都買得起，一輛真正的「大眾汽車」[7]。因此這輛車不能太豪華，也不能太大，要剛好夠一個四口之家使用。雖然福斯金龜車（VW Käfer）已經符合這兩個標準，但是對大多數德國人來說仍然太貴。為了降低生產成本，福斯大幅提高了產量。因為生產線產出的車愈多，成本就愈低，能賣出數量也會更多。這個思路獲得巨大的成功。而且不只福斯獲利。一九四五年之後，整個西德經濟發展都跟小轎車的成長緊密相關，獲得很大的綜合效益。化學工業、鋼鐵工業、紡織工業、機械製造業、電機工業——這些全都是連在一起的。所以，哈特維希說，福斯金龜車就成為德國經濟奇蹟的代表。接著他具體回應了中國部長對小轎車的疑慮。小轎車對一個正在發展的經濟體系極為重要。雖然像公車和鐵路這類公共運輸工具也是必要的，但是搭公車總不是像每個人都希望的那樣方便。現代社會的公民會需要個人的交通工具。哈特維希建議楊鏗，中國應該像當年西德一樣，先造小轎車，然後在這樣的小轎車的汽車平台[8]上開發能搭乘八、九個人的小巴士。這正是福斯推出第二型汽車——即福斯小巴士（VW Bulli）——所採用的方式。但核心業務仍然是金龜車（第一型）。哈特維希建議中國採用類似的模式，讓載貨車和小轎車共存。

中國的機械工業部部長很專注地聽哈特維希的陳述，也提出了一些問題，但除此之外並未發表意見。

我父親在翻譯方面並沒有什麼特長，但是他盡了最大努力讓雙方互相理解。有些地方他必須做比較詳細的闡述，補充一些解釋；光是同步翻譯是不夠的，因為談話雙方所來自的世界差異實在太大了。

我父親在三十年前就離開了這五位考察團成員所來自的國家。他十二歲時從中國逃往

7 譯注：福斯汽車德文原文Volkswagen，就是「大眾汽車」、「平民汽車」的意思。後來福斯在中國使用的名稱也是「大眾汽車」。

8 編注：汽車平台（Plattform）指用來生產不同車型的一組共享設計、工程、製造標準，可以包括車輛的底盤、懸吊系統、電氣架構等核心基礎。優點是藉著共用零組件而降低成本，缺點是會使產品獨特性受限。

台灣。至於他為什麼離開中國，以及他最後是如何來到德國的，這些我們後面會再談到。事實是，這中間他已經走過了一段很長的道路。他在一九六二年抵達德國，並從那時起有了不錯的發展。他完成大學學業，取得博士學位，在福斯汽車找到了研發工程師的工作。他領到第一份薪水後就購置了一套高級音響。在亞琛求學時期，他和一個同學共用購置了一輛福斯金龜車，現在他開的則是一輛帕薩特。在七〇年代，能在汽車工廠裡晉升到部門主管的外國人非常少。而且其實他也已經不算是外國人了。他從一九七七年起就擁有德國國籍，所以已經是德國人了。不過在幾個月之前，他才第一次回到中國探望父母，拿的也是德國護照。這次探親得以成行，是因為自毛澤東在一九七六年九月過世後，中國開始謹慎地推動開放。經過一番權力鬥爭，鄧小平在一九七八年逐漸坐上國家領導人的位置，並已初步開始實現他的現代化政策。所以中國考察團在這個時候到德國來參觀汽車生產並不是突如其來，而是接下來許多年持續發展的一個先兆。

那天晚上，我父親向中國部長講了他到南京的經歷，以及他的出生地給他留下的印象。他抵達南京機場的時候，既沒有短時間內會發車的公車，也沒有計程車可搭。他的親戚是用腳踏車來接他的，讓他坐在後座從機場回到家裡。在返回德國時，由於一場暴風雪，南京機場封閉，他不得不改乘火車前往北京。從火車站到北京機場，他只找到一輛機動三輪車可以載他前往。儘管穿著厚重的大衣，而且三輪車駕駛還用一條厚毯子把他包起來，我父親仍然凍得要命。在北京著名的長安大街上，他只看到兩輛公車和幾輛吉普車，此外什麼車也沒有。

他還講了關於豬肉的事。在他第一次探親時，他的家人要為晚餐弄一些豬肉是極其困難的。我父親考慮了一下，不知道該不該繼續說下去。畢竟，坐在他面前的是一位共產黨高幹。如果他批評共產主義中國的經濟落後，對方會如何反應呢？楊鏗在德國這裡表現得如此謙遜，但是在他的祖國，他恐怕擁有很大的權力。不過，他看起來並不像是毛澤東的狂熱信徒，而且就像上面提到過的，毛澤東這時已經過世了。所以我父親繼續說了下去。

一九七七年冬天，豬肉在南京非常匱乏，但其實幾乎什麼都缺。為了能在接風的晚餐上給我父親準備豬肉，父親的一個姪女的丈夫透過關係，大半夜偷偷摸摸開了二十公里的車到鄉下，只為了買兩公斤豬肉。他是透過自己軍中職務弄到一輛卡車的。公共交通工具並不存在。我父親沒告訴那位部長，為了躲避路檢，豬肉是藏在彈藥箱裡運送的。在中國，豬肉是受補貼的物品，由公家管制配給。私自從鄉下把豬肉運進城裡，根本就是非法的。

我父親為什麼要告訴他這件事？為了運這兩公斤肉，那位親戚還得調度一輛軍用卡車。那時候，中國的道路上只有兩種機動車輛：越野吉普車和卡車。兩種車都只有軍方使用。但是一個國家要發展經濟，就需要私家車，我父親認為。即使聽完這些論述，那位部長還是不講話。他既不同意我父親，但也不反駁他。

第二天早上，楊鏗一行人前往漢諾威，參觀了商用車工廠。參觀結束後他們的反應是：不合適，太小了，我們需要大型卡車和巴士。之後我父親就再也沒有他們的消息。哈特維希和施密特也都沒有聯繫。我父親把這次來訪當作一件奇特但有趣的小插曲。反正他當時也為自己的引擎研發工作正忙得不可開交。而且福斯汽車工廠一直都有參訪團。只不過這次是首度有中國部長來訪罷了。沒什麼大不了的。

李文波（右）和他的同學站在他們求學時期共有的福斯金龜車前，亞琛，一九六四年

CHAPTER 2 在南京的童年

我父親出生時，中國的國力與財富已所剩無幾。中國曾在長達數世紀的時間裡位居世界最富有國家之列，也曾在經濟與創新能力上領先歐洲。與全球的貿易關係就是當時中國優勢地位的一種體現。然而隨著歐洲、北美與日本的工業革命，中國在十九世紀裡就徹底落後了。在古都南京，那些曾在中世紀時讓馬可波羅讚歎不已的雕梁畫棟、富麗堂皇的宏偉建築，在我父親出生的三〇年代，只剩零星的幾座遺址還沒倒下。我的祖父還擁有幾個古老的茶杯、瓷花瓶、畫軸、金幣，是那段輝煌歲月遺留的見證。不過在那個時代，街頭景象充斥著難民、乞丐與遍地貧困。即便還有工作與棲身之所的人，往往也會受飢寒交迫之苦。

根據身分證明文件，我父親於一九三六年二月十三日出生於南京，當時的中華民國首都。但這是不是他真正的生日，已經沒人知道。當時中國是用農曆記日，年份則按照中華民國記年，使用陽曆。中華民國建立於一九一二年，這一年就被定為中華民國「元年」。後來我父親把出生日由農曆轉換成陽曆的日期——他可能在換算時出了一點差錯。即便按照農曆，我的祖父母也記不得確切的日期了。他們有太多別的事情要煩惱，顧不得記住孩子們哪一天出生。

我的祖母生了十二個孩子；在當時這相當普遍。不過同樣普遍的是很高的兒童死亡率。她有四個孩子還不到上小學的年齡就過世了。我父親是唯一存活的兒子。對當時大多數中國家庭來說，兒子比女兒更受重視。兒子要負責傳承家族血脈。女兒則是要出嫁，並成為夫家的人。在女兒這方面，最重要的是找到一個家世良好的夫家。這是當時大多數中國人的想法；我的祖父母也不例外。

我的祖父在南京市區經營一間米店。以今天的標準來說，他稱不上富有。但是他僱有員工，收入足以維持一座傳統四合院，讓家人過著衣食無缺的生活，還能為艱困時期存下一些錢。當時人們會用積蓄買一些黃金藏起來。因此我祖父過得比南京大多數人家境都要好。

任何人生活在十九世紀及二十世紀前半葉的中國，都長期面對著戰亂、流離與貧困。從昔日穩定繁盛的帝國轉變為貧窮落後的中國，轉捩點就是從一八三九年至一八四二年的第一次鴉片戰爭。英軍為了強迫實施鴉片貿易，占領了中國南部及東部的港口城市。統治

李家攝於一九二六年南京。李文波的父母、大姊（左）、二姊（中）

了近三百年的清朝皇室不願屈服，便派了數千名士兵進駐港口。然而他們很快就敗在英國海軍及一小隊陸軍部隊手下，皇帝不得不承認戰敗。英國人從此把香港變成他們的皇家殖民地。從這時起，中國經歷了數十年的暴亂、戰爭與饑荒。歐洲列強的接連進犯，最終使清朝徹底覆滅了。在十九世紀末、二十世紀初，北京爆發了所謂的義和團運動。在這之前，歐洲、美國與日本的統治者已經把中國大部分地區瓜分為自己的勢力範圍，並把上海等商業利益特別豐厚的港口城市置於自己的控制之下。中國的自由鬥士於是起而反抗殖民列強的侵略。接著，英、法、德、義、美、奧匈、日本、俄羅斯便組成多國聯軍，前來鎮壓這場暴動。無知的歐美人稱這些戰士為「拳民」，因為這些人原本是出身於武術門派，而歐美人士對中國武術的悠久傳統與各種流派一無所知。那些想要抵抗殖民強權的人，在侵略者眼中被視為滋事作亂的人與恐怖分子。儘管中國並沒有正式成為殖民地，殖民列強卻能在中國自由出入，這顯示出當時的中國有多麼衰弱。一九一一年，革命家孫中山的追隨者發動了另一場起義——這次不是反抗殖民列強，而是反對清朝權貴的統治。他們推翻皇帝，宣布成立共和國：維持了二千一百三十三年的帝制到此宣告結束。但由國民黨領導的新政府並沒有成功建立新秩序。相反地，這個年輕的新國家陷入了長達數十年的混亂：保皇派與共和派彼此交戰，共產黨人與國民黨人互相對抗，地方勢力也互相征伐。軍閥（有些只能說是黑幫老大）統治了部分地區，共產黨控制廣大的鄉下。日本不斷擴大對中國東北的滿洲的占領。其他殖民列強占有東部及南部重要港口，並收走大部分稅收。年輕的中華民國在能夠稍微站穩之前，就已經破產了。

我的祖父母出生於十九、二十世紀之交。在他們的孩提時代、青少年時期，以及後來成年後，他們所經歷的一切幾乎全是戰爭與動盪，以及害怕失去僅有的一切的恐懼。

國民黨政府在其控制的地區——包括首都南京——嘗試著發展現代化的工業部門，而這帶來了些許的經濟成長。在世界經濟大蕭條之前，中國

李家攝於一九四〇年一月十五日，南京
李文波站在中間，右邊是手上抱著早逝幼弟的父親，以及二姊，
左邊是母親，手上抱著一個妹妹，再過去是大姊與三姊

在世界貿易中占有一個相當微小的比例。然而這種初步的全球化的參與在一九三〇年驟然中斷，要直到六十年後，也就是一九八〇年後，才重新回到這個水準。尤其是抗日戰爭，以及一九二七年後共產黨與國民黨政府之間不斷爆發的內戰，都對中國經濟造成了巨大的損害。在我父親的孩童時期，中國是世界上最貧窮的國家之一。

南京大屠殺

一九三七年七月七日，在德軍入侵波蘭的前兩年，第二次世界大戰在東亞爆發。北京城外的盧溝橋上發生了一場著名的事變。日本軍隊與國民政府的軍隊交火。日本以這場槍戰為借口，對中國正式宣戰。一九三七年十二月十三日，日軍開進了南京。日本軍人在城裡肆虐長達七週之久。失控的軍隊至少殺害了七萬人，有些估計則達三十萬人。南京大屠殺是二十世紀亞洲最嚴重的人權暴行之一。日軍指揮官的口號是「三光作戰」：「搶光、燒光、殺光！」大多數的受害者都是平民。因為國民黨政府在大屠殺前已經率領大部分的軍隊離開南京，正沿著揚子江逃往上游的重慶。

我的祖父母也決定要逃難躲日軍，當時我父親還不到兩歲。祖母在逃難途中把他放進一個木製的便桶裡。家人日後回憶說，他當時坐在裡面，只有頭部露出桶外。桶內剩餘的空間則塞滿了蘿蔔與黃瓜。此外我的祖父在便桶裡裝了一個夾層。金幣和銀幣就藏在夾層下方。所以我父親是坐在家族財寶上。

就像許多中國人一樣，我的祖父母經歷過的戰爭主要都發生在城市裡。因為戰爭的目標一直都是控制人口聚集的中心。因此他們逃往鄉下。一旦戰事平息下來，他們就返回南京。

鄉下到處都有強盜，通常是五到十人一夥。這些強盜有許多自己也在逃難，而且幾乎沒有足夠的東西吃。只要這些強盜發現有城市居民在逃難，就會襲擊他們，並搶奪他們的財物。我的祖父母也多次落在這些強盜手裡，但是都安然度過。因為他們把金子藏得很好，強盜們一次都沒有找到。

我父親對這次逃難的細節並沒有記憶。而從祖父母的敘述中，也無法確知他們在大屠殺期間究竟逃到什麼地方。不過可以確知的是，當時鄉下的生活往往比城市裡還要困難得多。二十世紀初期，農民和他們的牲畜一起住在農村裡，生活方式跟一百年前並沒有太大的不同。他們沒有電力，沒有自來水，也沒有農業機械。人們基本上一切都要靠自己張羅。他們種植的農作物往往連自家人都不夠吃。因此從城市來的難民大多都不受歡迎。村民對他們的態度通常是懷疑，甚至仇恨。儘管如此，我的祖父母非常確信，他們逃難的決定是正確的。後來他們才知道，日本士兵在向南京進軍的過程中，也在鄉間地區肆虐，造成了數萬人死亡。我父親、他的兄弟姊妹以及父母能夠逃過這個命運，則純屬幸運。

當他們回到南京，許多鄰居和認識的人都已被驅離或殺害。在將近兩個月的占領期間，日本士兵強暴了數千名女性，將她們肢解，或用竹棍刺穿她們。日軍內部還互相比賽誰用軍刀砍下最多中國人的頭顱。許多屍體被扔進揚子江，其他的則被潑上汽油焚燒。根據估計，南京約四分之一的人口在這場大屠殺中喪生。

我祖父母的一位鄰居留在城裡，結果南京淪陷第一天就在一個街角被日本士兵逮捕並帶走。他和數以千計的南京市民一起被帶到城門外的廣場，準備處決。天皇的戰士在這第一天就殺害了超過一萬三千五百人。包括兒童在內的平民以及戰俘都被刺刀刺死、槍殺或斬首。這位鄰居在大規模處決中卻活下來了。一名日本士兵的軍刀只砍中他頭部的一側。他順勢裝死，等天黑便偷偷逃到城外。

當時像這位鄰居一樣留在南京的，還有一小群外國人，其中包括一位德國人約翰・拉貝；他是南京西門子分公司的負責人。他是納粹黨（NSDAP）黨員，但是對這些暴行不願袖手旁觀。他和其他外國人在西門子的廠區內組織了一個六平方公里的平民保護區，不准日本士兵進入。然而日本人不承認這個保護區。他們一再闖入這片區域，任意把人擄走。

儘管如此，這個行動仍然拯救了數萬南京人的性命。

一九三八年二月，一位新的指揮官接管了日本軍隊，結束大屠殺。但即使在那之後，日本人的暴行也沒有停止。一直到一九四五年戰爭結束前，南京都在日本人的控制之下。汪精衛在南京擔任傀儡統治者；他是國民黨領袖蔣介石過去的夥伴，他後來跟蔣介石決裂，轉而與日本人合作，並且被他們扶植為代理人。

一九四〇年前後的日常生活

在我父親最早的童年記憶中，有一場公開處決。當時我父親大約四、五歲。他坐在一位親戚的肩膀上，在圍觀的群眾之中，他看到劊子手站在一位跪著的男子身後，用大刀把他的頭砍下來。頭顱應聲落地，身軀則稍後才倒下。圍觀的群眾發出歡呼。他們手裡拿著饅頭，吼著衝向屍體，拿饅頭去沾噴濺的血，然後把饅頭吃掉。據說懦弱或害羞的人吃了血饅頭，就會變得勇敢，吃這個還可以治肺結核。

我父親在「四合院」裡長大。在南京，這些四合院是一間接一間地排成長長一列。走進大門口，經過一個有屋頂的、被兩個房間夾包的穿堂，就進到內院，李家一家人的生活就在這裡進行。從內院還繼續通往其他房間。這和我們在歐洲所熟悉的封閉式房屋不同。

四合院的建築只有房間有屋頂，而且以今天的標準來看，這些房間只能算是棚屋。窗戶通常沒有玻璃，而是貼絹紙。

南京雖然位於中國南方，但因為濕度高，冬天體感很冷。在當時，潮濕的寒氣一定會穿過所有縫隙，進入房內。

廚房是內院中一個砌磚的檯面，旁邊有個灶。檯面上可以放一個大鍋和一個小鍋。大鍋用來煮飯，小鍋則是炒菜。水必須從公共水井打來。那時並沒有自來水。我的祖父母很幸運，最近的水井離他們的房子不遠。其他人為了打水，每天都得走很遠的路。至於泡茶用的熱水，我的祖父母則是向一名商販購買。他會幫他們把水燒開。然後孩子們得用大水壺把熱水提回家。因此淋浴完全是聞所未聞的事。冬天在睡覺前，大人會給孩子們洗腳和屁股。早上偶爾會洗洗脖子和臉。在寒冷的月份裡，大多數人睡覺時不脫衣服，而是穿著他們所有的衣物睡覺。因此人們常常乾脆就不洗澡了。在日子比較寬裕的時候，祖母會準備一盆溫水，讓孩子們用布沾水洗洗臉。所有人都感到這是莫大的奢侈。

跟武漢與重慶一樣，南京也被稱為中國所謂的「火爐城市」。冬天也許很冷，但是沿著揚子江的夏季卻是酷熱難當。由於這些城市的地勢呈盆地狀，夏天連一絲微風都吹不進來。男孩和男人都光著上身到處走，女人則只穿著襯衫和短褲。房間裡的空氣悶熱潮濕，一般人根本待不住，就連晚上也是一樣。因此所有人都睡在街上。每戶人家都在屋前擺放竹床、小桌子和長板凳。飯也在那裡吃。人們在夏天幾乎就住在街上。我父親很喜歡這樣的夜晚。直到深夜，街上總是人聲鼎沸。這才是名副其實的「熱鬧」——「活潑到出汗」與「活動到很吵」的意思。直到父親對我講述他童年的這些夏夜，我才真正明白這個詞。

我父親家族所住的街區名叫新街口，位於南京市中心。這個區域在大屠殺期間沒有被毀壞。在日本占領期間，我的祖父被允許繼續做生意。跟許多南京人比較起來，祖父一家的境況稍好一點，直到戰爭結束都有足夠的食物。儘管如此，他們的生活仍然十分匱乏與簡陋。父親小時候幾乎沒有什麼衣服穿。他有一條稍微好一點的褲子是專門上學用的，一回到家就得脫下來。冬天時，他和姊妹們在外套底下穿著用碎布拼湊起來的衣物。他們常常到房子後面一個老舊的穀倉玩耍，那裡是屯放米與其他穀糧的地方。據說這個倉庫早在明朝，也就是十六世紀就已經存在，是我父親一位叔叔的產業。穀倉的木頭地板下有通風的空間，以防止穀物發霉。那個時代還沒有冷藏室。這個場地是小孩們玩捉迷藏最理想的地方了。

德國有一句諺語說，「匱乏是發明之母」。這句話用在中國也十分貼切。特別是我的祖母，據說她在沒有辦法的時候特別有創意，有時甚至非常大膽。由於當時完全沒有醫藥，她便使用童年時從父母那裡學來的家傳祕方，而那些方法也是當時她的父母在困頓中想出來的。也許這只是家族傳說，但是我父親還記得，她的一些藥方似乎很有效。有一次他弄倒了一鍋熱油，手臂嚴重燙傷，他母親就用老鼠油塗抹燙傷的部位。她用鵝毛塗抹這種油，皮膚感覺十分舒爽。幾天後他的皮膚就痊癒了，也沒有留下一般燙傷會有的疤痕。

這個老鼠油可不只是名叫老鼠油，它是真的用油和老鼠調製出來的。據說那時在四合院的庫房裡還擺著好幾瓶。製作這種特別的藥水時，我祖母會把剛出生的老鼠活生生地浸泡在食用油裡。

我的祖母還有其他在今天看來很詭異的祕方。我父親小時候，就跟當時南京的許多孩子一樣，頭上長滿膿包，這可能是由於營養不良、衛生條件太差以及夏季的炎熱造成的。大多數孩子都會留下永久的疤痕；這些地方往往再也不長頭髮。但我父親沒有這個問題。他到現在都相信，這是因為吃了加入蜘蛛毒的鵝蛋的緣故。

在我父親和兄弟姊妹們玩捉迷藏的倉庫裡，除了穀物和大米外，還有許多蜘蛛。我父親必須定期抓這些蜘蛛，而且要活的、完整的。蜘蛛要愈大隻愈好。我的祖母會小心地打開鵝蛋的一端，把兩三隻活蜘蛛放進生蛋裡。她用濕紙把開口封住，然後用熱水蒸煮這個裝了蜘蛛的鵝蛋。然後她把紙撕開，把已經死掉的蜘蛛挑出來。這有什麼特別的呢？在蒸煮的過程中，蜘蛛會驚慌地擺動腳，這樣就把蛋黃和蛋白攪拌在一起。同時蜘蛛會分泌毒素。這背後的理論是以毒攻毒。我父親吃了幾次這種含有蜘蛛毒的雞蛋後，那些膿包就消失了。

夢想，黃包車，傳教士

我父親十二歲之前，唯一認識的城市就是南京。那個南京有很多挑夫與黃包車。街道的全部寬度都只有行人走路。從歐洲和美國照片中看到的那些機動車輛，他只能在腦海裡想像。而他也真的常常夢想那些車輛。在漫長的夏夜裡，他常常想像現代化的南京會是什麼模樣，一定有許多雙層巴士、豪華轎車、摩托車——他懷著一個機動化的中國的夢想。從故事中他知道，上海已經有了第一批公車、電車，還有汽車交通。今天從南京到上海大約三百公里的路程，開車只要三個小時。但是在我父親的童年時期，這彷彿是一段無法跨越的距離；他感到自己無法親眼見到他當時認為的現代世界。

暫時他只能滿足於看看南京有什麼，以及在南京流傳的故事。他們家後面住著一位老婦人，晚上會給孩子們講述親身經歷或聽來的軼事。街區裡還有一位老先生是職業說書人。他通常坐在一家茶館前，講述著從前的故事。那時我父親的閱讀能力還很有限。在動盪的戰爭時期，中國許多孩子都是如此。即使正常上學，一個孩子也需要五、六年的時間才能掌握閱讀報紙或小說所需的至少二千個漢字。然而由於政治動盪與戰爭，大多數孩子根本沒有正常上學。不過我父親是個好聽眾，他如饑似渴地聽著那位婦人和茶館老人講述的故事。他特別喜歡童話、鬼故事和古老傳說。每次說書人用許多峰迴路轉的情節和聲音效果講到孫悟空單槍匹馬大鬧天宮、對抗玉皇大帝的故事時，他都聽到入迷。

我父親上學的第一年在一所師塾學校度過。孩子通常從五歲開始學習繁體字。主要的功課都是耐心地死記硬背。他們齊聲朗誦古詩和古文，之後則必須自己靠記憶背誦出來。他們既沒有數學課，也沒有藝術、音樂或自然科學的課。學校教的完全只是背誦文言文。

和這個時期常見的情況一樣，會關懷平民的社會福祉都是神職人員與傳教士。在我父親成長的街區，這些神職人員屬於天主教會；他們在附近還蓋了一座主教教堂。跟歐洲的主教教堂相比，這座教堂很小，幾乎不比村教堂大。但因為那裡有一位主教住牧（當時還是宗座代牧），所以它仍算是主教教堂。儘管規模不大，我父親還記得它是一座富麗堂皇的建築，有庭院、花園，還有一棵大銀杏樹。教堂院區內還住著幾位中國修女，主教允許街區的孩子到院區裡玩耍。星期日彌撒後還會供應食物和飲料。留到下午的人可以參加主日學校。對我父親來說，這跟平日的師塾教育形成巨大的對比。因為在主日學校，老師會和學生交談，教他們更簡單的拉丁字母，還會和他們一起唱歌。

然而我父親記得最清楚的，是一本收集卡片的簿子。簿子裡每張卡片都講述一個故事，其中有一些來自聖經。透過這種方式，他認識了基督教故事的世界，而且他很喜歡這些故事。因為故事裡說的是關懷、愛和憐憫，都是他在南京的童年裡非常缺少的東西。幾年以後，我父親在台灣受洗了，儘管他的家族在這之前沒有人是基督徒。他也是在這些下午學會了禱告和聖經故事。儘管傳教的方法無論過去或現在都如此直接，但是對我父親來說，教堂的週日下午彌足珍貴，是他與西方世界接觸的起點。

跟今天的南京比較起來，今昔的反差大到無以復加。二〇一九年，我陪同一個德國旅行團乘巴士從上海重走古代絲綢之路到漢堡時，我們的第一站就是我父親的出生地南京。我們住在市中心一間時髦的五星級飯店裡。在飯店周邊參訪時，我在高樓大廈之間發現了一座古老的小教堂，意識到這正是我父親成長、我祖父母度過一生的街區。環繞主教教堂的大花園不見了，我父親提到的茶館也不見了，那些長期形塑南京城市面貌的四合院也全部消失了。在閃亮的摩天大樓和掛著霓虹招牌的購物中心的陰影下，主教教堂顯得格外渺小。文化大革命期間，共產黨人褻瀆了這座教堂，一度把它用作紡織廠。如今這裡又重新舉行彌撒。這座教堂是我父親童年時期唯一到今天還存在的建築。

CHAPTER
3
在台灣的青少年時期

國共內戰

我父親的童年是突然結束的。十二歲時，他就必須離開家鄉，在沒有父母陪伴下，獨自逃往台灣。這是誰都沒能預料到的。許多人都預期，第二次世界大戰結束後，遠東地區也會趨於平靜。但是歷史的發展並非如此。一九四五年九月九日，在日本投降後沒幾天，國民黨政府在蔣介石的領導下，與毛澤東所率領的共產黨再度爆發內戰。在抗日戰爭中，蔣介石雖然被迫停止追剿他所痛恨的共產黨，但他仍毫不掩飾地視毛澤東為死敵。蔣的部隊努力抵擋日本侵略者時，毛澤東趁著戰爭期間在農村擴大他的影響力。軍事上，國民黨軍隊被視為是占優勢的一方。蔣介石指揮的部隊超過三百五十萬人，幾乎是共產黨領袖毛澤東兵力的四倍。此外，美國還支持國民黨。他們的武器裝備比由蘇聯所支援的毛澤東的軍備更現代化也更有威力。中國南方和東方的大城市也仍在蔣的掌控之中。他知道銀行家、企業家、商人都支持他。在這些大城市裡，幾乎沒人能想像共產黨會掌權，畢竟他們的支持者主要是沒有受過教育的貧農。但後來的事實證明，這是個錯誤的想法。

在一九四九年之前，內戰交戰雙方的勝負一直在來回拉鋸中。毛澤東的共產黨靠狡猾的策略逐漸取得優勢，但他們也不時遭到挫敗。一九四七年三月，國民黨的軍隊占領了延安。延安位在中國中部陝西省的荒涼山區，是一個極具象徵意義的地方。毛澤東十年前在逃避國軍部隊追剿時，曾經以這裡為根據地。他不只在這裡集結兵力，也為他統治全中國奠定了基礎。他所創造的體制，其基本特徵直到今天都沒有改變。延安是毛澤東的軍事和意識形態的訓練基地。

在日本人撤退後，南京重新成為國民黨的政府所在地。蔣介石在這裡為延安的勝利舉行了慶祝。毛澤東騎著馬離開了昔日的堡壘，往北方撤退。他表現得十分從容，因為他有了一個新戰略：靠著蘇聯的協助，他想把蔣介石的部隊引誘到中國東北，在那裡向他們挑戰。「我們把延安讓給蔣介石，他把中國讓給我們」，毛澤東這樣安撫他的追隨者。事實證明他是對的。因為蔣的權力和國民黨的支持度正在崩潰，就連在南京也是如此。愈來愈多人轉而同情毛澤東。蔣介石和他的領導階層被視為背離民心而且腐敗。他已經無法確定自己是否仍受到多數民眾的支持。相反地，毛的支持者已經足夠多，讓他敢於奪取整個國家的政權。

我的祖父母對於內戰的進展了解不多。傳到他們耳裡的，都是謠言。他們不知道誰在什麼時候贏了或輸了哪場戰役。當時中國的報紙不多，報導既不平衡也不夠全面。南京的民眾當中，一定只有一小部分是堅定的共產黨支持者，因為毛澤東的基礎主要來自農村的農民。但是對許多南京人來說，資產階級的國民黨政府同樣陌生。我的祖父母並不是國民黨的支持者。但祖父是個商人，他對共產主義一點也不認同。

也許二戰後的中國就跟一九一八年的德國一樣不穩定。在德意志帝國隨著第一次世界大戰結束後，威瑪共和國的民主與憲法是全新的東西，很多人不理解，其架構也不穩固。同樣地，自從一九一一年帝制結束以來，中國的社會和政治制度同樣無法穩定地建立起來。國民黨政府直到一九四六年才從重慶遷回南京，流亡了將近十年之久。因此，即使南京是他們昔日的大本營，這時他們也不再有穩固的根基。

我父親記得，那時候有愈來愈多的難民湧入城市。街上有許多乞討和無家可歸的人，其中也包括從遠地逃難的人。我的祖父母警告我父親和他的姊妹們，不要離開家門太遠。他們害怕孩子們會被綁架。人口販賣和被綁架者慘遭虐待的消息層出不窮。從街上愈來愈多的乞丐，他們意識到戰爭再度逼近了。

共產黨在一九四八年下半年向南京推進時，我的祖父母擔心暴亂會再次發生。他們特別擔心我父親的生命安全。他們只有他這一個兒子，希望能確保他平安無事。

逃難

當國民黨不得不承認毛澤東的計畫已經成功，且在東北的戰鬥已經消耗太多兵力和儲備時，他們開始計畫撤退。這是一個非常大規模的計畫。國民黨政府連同整個行政體系都將撤退到台灣島。由於船上空間有限，一開始只限黨員可以前往。李家並不是特權階級。然而，我父親的大姊夫不僅是國民黨黨員，還是空軍軍人。於是中國式的關係網絡就發揮作用了：我祖父請求女婿的家人帶我父親一起走。而且考慮到大女兒可能很快就會懷孕生子，照顧不到我父親，所以祖父要三女兒也一同前往。父親的三姊只比他大兩歲，是七個姊妹中與他最親的。她才剛滿十四歲，在學校成績很好。她的任務是確保我父親在台灣也能上學。「不管你在哪裡，都要讀書。」他母親對他說。這是最重要的。

就跟許多因為戰爭或迫害而離開家園的人一樣，父親和他的家人都預期這次分離只是暫時的。但這次他要等到幾十年後才得以返鄉。

全家移民台灣是不可能的。那樣的話，祖父必須賣掉所有家產。他的倉庫裡有三百多袋麵粉和米。在當時這是一筆龐大的資產。此外還有店面、倉庫、房屋和土地。我祖父認為不可能在這麼短的時間變賣一切，然後在台灣為全家重新打造新生活。他當時五十歲出頭。誰會願意承擔這樣的風險呢？

父親先是搭火車到上海，然後再從那裡搭船到台灣。南京火車站當時一片混亂。幾千個人同時想要擠上火車。父親是被人從窗戶送進車廂的。沒人管他是誰的孩子，或是否攜帶任何證件。就連火車頂都坐滿了人。當火車開動時，離別父母的愁緒就被我父親拋在腦後了。他覺得自己正要踏上一場冒險的旅程。至少多年以後他是這樣回憶那一刻的。

他聽過很多關於上海的事：那是中國最現代化的城市，外灘上沿著黃浦江岸有壯麗的殖民風格建築，行人的衣著優雅，路上車水馬龍。當時的中國富人並不多。但是有錢的人都住在上海。不過這裡的乞丐和難民也比南京多。因為我父親和姊夫家有「撤退者」的身分，不算是難民，所以他們在一所學校的體育館裡被分配到一小塊空間，四周用繩子圍起來。他們在那裡布置了睡覺

李文波，一九五〇年攝於台中，台灣

的地方。其他大多數人來到上海，都沒有地方待。他們只能睡在街上。

體育館裡擠滿了人。空間狹窄，吵雜，空氣很悶熱。所有人都汗流浹背。到處都是尿騷味。當時大多數中國人都沒有行李箱。他們把家當包在布裡，再扛在肩上。我父親就連這一包行李都沒有。在家時他就幾乎沒有什麼個人物品。除了身上穿的衣服外，他最重要東西的就是一條棉被。不管在哪裡，他都可以把棉被鋪在地上，把自己裹在裡面。

他在體育館裡待了大約一個星期。周圍的人都在談論城裡的暴動。嚴重的通貨膨脹導致數百萬人沒有足夠的食物，並因此上街示威。這些對我父親的影響不大。他對當時的政治局勢幾乎沒有概念，也不知道大多數人為什麼感到恐懼。今天他說，他當時甚至不知道恐懼是什麼感覺。對他來說，這更像是走進了一個令人興奮的故事，就像南京茶館裡那位老人講述的故事一樣。

一九四八年十月底，公告出來了，前往台灣的船已經靠岸。最早的幾艘船只允許政府人員登船，所以甲板上不像從南京到上海的火車，或是體育館裡那樣擁擠。一切都井然有序。後來的航班則是人們爭先恐後地搶著上船，彷彿攸關生死。某種程度上也確實如此。船只要一滿就會開走。只要能上到甲板的人都能離開。但是很多人上不去。他們只能留在即將對外封閉的中華人民共和國。從這一刻起，去台灣的和留在中國大陸的中國人，他們的人生道路完全分開了。十一月七日這一天，我父親和他的兩個姊姊抵達台灣。

在大甲與台北的街上

在一九四八和一九四九年之間，有將近二百萬平民，其中包括許多知識分子和經濟菁英，從中國大陸追隨國民黨來到台灣；台灣當時的人口還不到五百萬。許多人認為，到台灣來只是一種預防措施，他們只需要待到這個資產階級的政黨重新拿回國家為止。蔣介石會從台灣反攻大陸。

然而奪得大陸的卻是共產黨。一九四九年十月一日，毛澤東在天安門廣場宣布中華人民共和國成立，並把北京定為首都。在台灣的國民黨則繼續使用「中華民國」的稱呼。雙方都宣稱自己才代表「真正的中國」。在國際法上，只有中華民國，也就是台灣政府獲得承認。直到一九七一年，聯合國才正式接受中華人民共和國為會員國——代價是，在台灣的中華民國從此在國際法上不再被大多數國家所承認。

我父親和大多數從大陸撤退的人來到台灣時，面臨的狀況一點也不好。除了農業和一點海外貿易，這個位於中國東南沿海的亞熱帶島嶼並沒有多少經濟發展。

台灣本地居民與新來的國民黨政府追隨者（我父親也算其中一員）之間的關係，從一開始就很緊張，彼此間存在很大的不信任。當蔣介石領導的國民黨從一九四五年開始嘗試控制這座島嶼，就引發一場反對大陸人影響力的抗爭運動。一九四七年二月二十七日，一位香菸小販與專賣局稽查員之間的爭執甚至引發了一場持續數週的暴動。當時仍在南京的國民黨政府就派兵到島上進行血腥鎮壓。據說有一萬到三萬名平民在這場事件中喪生。[9]

接著當整個國民黨政府及其追隨者在一九四九年底前來到台灣，他們更繼續壓制台灣人。這不只因為一九四七年的暴動，更因為在對共產黨失利之後，國民黨政府對叛亂者有著近乎偏執的恐懼。台灣已經是他們最後能撤退的地方。因此蔣介石對這座島嶼實施威權統治。這位統治者不想再有人奪去他任何東西。他實施戒嚴，頒布各項戒嚴時期的管制法令，並禁止任何反對者組織政黨。媒體也不准自由報導。此外他還規定，在收復中國大陸之前，一九四八年在最後一次全國大選中當選的議員可以一直保留席位。由於這些國會議員全都是國民黨人，這也就等於實施一黨專政了。

工業幾乎不存在，工程師與技術人才非常稀少。至少這一點國民黨政府想要有所改變，因此對教育非常重視。他們大舉投資教育，興建許多新的學校和大學。我父親後來也從中受益。只不過在那之前，他還有一些困難要克服。

從上海逃往台灣的這趟旅程，首先讓我父親、他的兩個姊姊和姊夫一家來到了基隆港。他們從那裡被卡車載往台中，當時台灣的第二大城市。政府在那裡為撤退的家庭設立了臨時營地。之後他們將逐步被分配到全島各地。我父親在這裡和他的兩個姊姊分道揚鑣了。因為他被分配到台中郊外的小鎮大甲就學，而兩個姊姊則可以和姊夫一家搬到島嶼的首都台北。

在大甲期間，他和另外四個學生住在一個倉庫裡。他們睡上下鋪，大部分時候必須自己照顧自己。他們一天只吃得起兩種蔬菜和一點米飯：大多時候是路邊長的空心菜，以及大白菜。我父親很高興得到了上學的機會以及住處。但這是他人生第一次不只必須離開父母，還得離開兩個姊姊。

他當時十三歲，而且周邊的人並不歡迎他這樣的逃難者。沒有家庭的保護，他必須獨自完成一切。他很想家，但也逐漸感覺到回南京的日子可能沒有這麼快到來。

我父親在大甲待了大約半年左右。一開始是大姊負責他在大甲上學的費用，但是第一個學年還沒結束，大姊就表示無法再負擔這筆額外的開支。因此他必須提前離開大甲的學校，而搬去台北和姊姊們同住。直到多年後他才知道，本來有八塊金子是可以讓他繼續上

9 編注：台灣稱為二二八事件。

學的。他的母親把金子縫在一件棉襖裡，讓他帶在路上。但是這些金子可能在逃難一開始就被姊夫家的人偷走了。姊夫家在抵達台北後沒幾個月就買了自己的房子；在當時幾乎沒有哪個撤退的人出得起這筆錢。李家藏的錢並不是每次都能不被發現。或許藏在便桶的夾層裡才是更好的辦法。

在台北，我父親雖然還是個孩子，但也和他的三姊一樣試著找工作。但他們都找不到。數以萬計的年輕人剛從大陸來到台灣，這些人全都需要工作。台灣成為經濟起飛的國家是幾十年後的事。在這個時候，台灣只有過剩的勞動力。

大姊和她的丈夫住在一間很小的房子裡。父親晚上只能睡在走廊地板上，因為沒錢再買一張床墊。三姊有一間只擺得下一張床的小房間。她們都寧願繼續上學，但那時這是不可能的。

然而至少父親遇到一個意外的轉機。他在大姊家附近的一家腳踏車店裡應徵到一份學徒的工作。雖然賺的錢很少，但是店主提供他吃住。儘管店主一家人也住得很擠，卻仍讓父親在其中一個房間裡鋪一張榻榻米。吃飯則是和店主一家一起吃。父親一輩子都對這位腳踏車師傅心存感激。對父親來說，他暫時取代了爸爸和家人的角色，還給他這個身無分文的難民一個棲身之所。因此父親更加努力學習所有修理腳踏車的知識。他補胎、調整踏板，而且生平第一次使用工具。他喜歡這個修腳踏車的工作。他學會工具和機器的名稱，以及如何正確使用的方法。那時他的夢想還是只有汽車。但他在這間台灣的腳踏車店裡學到對技術的基本認識。店裡比較不忙的時候，他就坐在店外讀他找來的課本。因為他始終沒有放棄能重新上學的希望。

然後這一天終於來到了：腳踏車店的對面就是臺北工業專科學校[10]。許多學生和老師都找我父親修理腳踏車，或是來打氣。有一天早上，一位女老師走進店裡。她問他為什麼在這裡工作，而沒有去上學。「因為我付不起學費。」我父親尷尬地回答。她和她的丈夫（也是位老師）已經注意他一陣子了。因為他在工作空檔裡讀課本的樣子，讓他們印象深刻。女老師接著問他想不想上學。當她聽到我父親說，這是他最大的願望，她和丈夫就決定收留我父親，並想辦法讓他能夠讀書。

他們住在學校體育館旁邊，是一間很小的一室公寓。房子裡沒有多餘地方讓他睡覺。於是他們買了一張竹床，晚上搬進體育館讓他睡。就這樣，他白天待在這對教師夫婦的房子，晚上睡在體育館。

10 譯注：今日國立臺北科技大學的前身。腳踏車店位於八德路上。

我父親又這樣過了幾個月。他會在下課後到腳踏車店工作幾小時，然後寫功課，並在教師夫婦的協助下準備入學考試，直到很晚。他考進了一家有名的中學，就是臺灣師範大學附屬中學，簡稱師大附中。

父親經常談起他在台灣上學的情形。他在師大附中就讀的是高25班，當時師生之間的互動比較多。比方說，當時教物理的張書琴老師喜歡請學生到她家去，父親也去過，還加深了對物理課的興趣，為了不讓老師失望，他學習物理特別認真。老師善待學生的做法，也影響到他後來的做人處事。

父親出國留學前特地到這位物理老師家辭行。臨走時老師走進另外一個房間，

李文波和比他小兩歲的腳踏車店主之子。這位店主在一九五〇年左右收留他（李文波）當學徒，台北，二〇二二年

拿出來一條毛巾被對他說：「這是我自己正在用的毛巾被，剛剛洗乾淨，是在新加坡買的，台灣買不到，送給你。你在船上或夏天在德國一定用得上的」。如她所說，父親真的很喜歡，六十多年後的今天，仍把它當寶貝，珍藏在衣櫥裏。這份厚重的感情他一直都不曾忘記。

他的大姊和姊夫後來找到一間較大的房子。三姊應徵到中央印製廠的工作；那裡主要是印鈔票。她其實年紀還太小，只好謊報大兩歲，然後得到這份工作。她從此在經濟上支持我父親。如果沒有她，那對教師夫婦和腳踏車店主一家人，我父親的人生會很不一樣。三姊後來再也沒能上學。

六十多年後，我父親到台北尋找當年的店鋪和學校所在的地方。他想看看它們是否還在。學校還在，但腳踏車店已經消失了。我父親在附近的店家詢問，特別是向年長的店主打聽他以前的師傅。結果發現，有些人還記得那位店主。他後來成為台灣自行車同業公會的理事長。但是他已經過世了。不過他兒子還在，而且在附近經營一間賣玉飾和佛珠的小店。「文波。」我父親走到他面前時，他就這樣喊他。當時他們都還是孩子，但是他還能在這麼多年後立刻認出我父親。告別時，他送我父親一串木頭的佛珠，就像台灣人配戴的護身符。

毛澤東孤立中國

毛澤東在接下來的幾十年裡，把中華人民共和國對外的聯繫完全切斷。任何人膽敢接觸在外國的「階級敵人」，都會受到嚴厲懲罰。

儘管如此，我的祖母還是試過一次去探望我的父親。那是在一九五七年，這樣做極端危險。祖父勸阻她，但是她不聽。她搭火車南下，打算先到香港，再轉往台灣。她非常想念兒子。然而當時中國大陸居民已經被禁止進入香港。邊境已被鐵絲網封鎖起來。祖母找到一個走私者，在他的協助下渡過邊境的深圳河，偷偷進入這個英國殖民地。祖母是文盲，因此在那裡寸步難行。她試了很多次跟台灣方面取得聯繫，但全都沒有成功。一個月後，她放棄了。她再度偷渡越過邊界，並搭火車返回南京。

我父親與南京的家人完全失去聯繫。自從抵達台灣，他對於父母和其他姊妹的遭遇一無所知。要等到十五年後，他已經住在德國，而且能從那裡通信，然後再過十五年，當他第一次得以前往探望父母，他才知道他們經歷了什麼事。

經過數十年的戰爭，從一九四九年起，毛澤東確實讓緊張的政治氣氛平靜下來。這位獨裁者一開始表現溫和，甚至相當慷慨：共產黨把地主的土地分給了農民。許多人認為這很公平。畢竟，土地的耕種者一直都是農民而不是地主。在城市裡，共產黨給婦女許多權利，那是中國過去不可想像的。此外，新的領導層也打擊貪污腐敗。共產黨甚至對那些在中國南方大城市為非作歹的黑幫頭目和軍閥採取行動。

毛澤東在掌權後的最初三年裡，甚至成功地振興了經濟。工業生產開始成長，農民也獲得豐收。樂觀的情緒蔓延開來，即使是那些並不熱中追隨毛澤東的人也是如此。

然而有許多跡象顯示，毛澤東的目標絕不只是振興經濟。他計畫取消一切土地所有權，並首先從農村地區著手。從一九五〇年下半年開始，在共產黨煽動分子的挑動下，各地農村的人群聚集起來，對地主進行「審判」。農民毆打、折磨他們昔日的主人，甚至將他們殺害。根據估計，在這第一階段的「中國社會改造」(用毛澤東的話說）中，約有五百萬名地主喪生。

在城市裡，新的共產黨統治者似乎不急著建立社會主義。一開始接管權力的是比較溫和的幹部。像我祖父這樣的店主甚至可以保留他們的店鋪。黨的高層最初認為，國營企業會漸漸讓私營經濟遭到淘汰。

然而情況很快就顯示，由缺乏經驗的幹部來領導的國營企業，幾乎無法營利。他們浪費了迫切需要的原物料，也僱用過量的員工。由於擔心共產主義經濟的弱點被暴露出來，毛澤東開始在城市裡推動激進的財產徵收。

一九五二年九月二十四日，毛澤東在一次演講中宣布，十五年後將不再有私營經濟。但實際上並沒有等那麼久。這次演講標誌著中華人民共和國私營企業的立刻結束。毛澤東的話，對像我祖父這樣的小商人來說，簡直如晴天霹靂。

現在城市裡也緊鑼密鼓地運動起來了。毛澤東的宣傳機器在所有可能的地方煽動階級鬥爭：無產者鬥爭有產者，臨時工鬥爭雇主，工人和受雇者鬥爭店主和企業家。毛澤東也公開號召暴力：「不要怕處決人！」他在後來的一次演講中如此說道。「震懾和恐怖」就是他的指導方針。他就這樣給他的追隨者開了綠燈，讓他們去對付那些不夠狂熱與順從的人。這往往意味著，所謂的階級敵人會在街上被活活打死。到了一九五五年，在城市裡被殺害的人數達到二百萬之譜。在接下來的幾年裡，在一次又一次的殘酷運動中，又有數百萬人喪生。蘇聯獨裁者史達林在三〇年代的政治大清洗牽連廣泛，所謂的政權反對者遭到了迫害和謀殺，但是五〇年代毛澤東在中國造成的死亡人數，又超過了史達林。在毛澤東主義的最初幾年，文明的規則就不再適用了。

在中華人民共和國還沒宣布成立時，我的祖父就已經遭受共產黨的迫害。他們在一九四九年四月占領南京。在直到十月一日的過渡期間裡，糧食供應經常出現短缺。鄰居們知道我祖父有一些糧食庫存。作為穀糧商人，他的倉庫裡還有一百二十袋麵粉和稻米。其中一部分是國民黨政府在逃離南京前留給他，並委託他在街區裡發放的物資。在共產黨到來之前，南京一個有名的幫派控制了這座城市，成員中許多是身強力壯的流氓，使用暴力毫無顧忌。全城到處都是搶劫，民眾非常恐懼。我的祖父後來告訴我父親，在那段時間，他把商店都用木板釘死，全家躲在屋子裡。雖然他們倖免於難，但這些人闖入倉庫，搶走了幾乎所有庫存。

然後新的共產黨管理者來了。他們逮捕了搶劫的人，並在街上公開處決了其中一部分。我祖父也被逮捕了。新的統治者指控他侵吞糧食。他必須坐三個月牢，並賠償失蹤的糧食。他當然沒錢可以賠償。於是當局查封了他的生意。出獄後，他雖然被允許重開店鋪，但為了支付被強加在他頭上的費用，他不得不借貸，並把店鋪抵押出去。這樣一來，店鋪就不再屬於他，而是政府的了。對於剩下還在他名下的存貨和倉庫，政府也用一些毫無價值的債券進行徵收。他沒有別的選擇。一九五〇年六月韓戰爆發時，每個家庭都必須派一名男子參戰。由於我的祖父沒有人可派，地方當局就要求他捐錢。可是這時候他手上只剩下政府徵收他剩餘財產時發給他的債券。於是這些債券就被當作戰爭捐獻拿走了。就這樣，祖父最終失去了他辛苦建立的一切。雖然他可以繼續在他以前的店鋪工作，可以作為經營者再度僱用一些他以前的員工。但是從那時起，他也只是這間店鋪裡的一名受雇者。他就維持這樣的身分一直到退休。

把我祖父的財產充公時，當局至少還提出一些指控和污衊充當理由。但是幾個月之後，連這些拐彎抹角的手法都不需要了，毛澤東直接強制徵收所有店主和商人的財產。透過這種方式，共產黨領導層在幾年之內就把中國所有的小型經濟國有化。從那時起，所有土地都屬於國家。

不過光是沒收私產還是不能讓毛澤東滿意。在農村地區，他推行愈來愈激進的實驗計畫來介入人們的生活方式。在掌權後，共產黨給農民指定了階級地位。農民應該作為集體來當家作主。但是把所有耕地轉交給農民並沒有帶來預期的好結果。農作物產量沒有提升，有時甚至比三〇年代本已很低的產量還要差。集體化愈來愈陷入失敗。

農民被迫組成公社。一個公社裡常常有幾百個家庭，有時是整個村莊。農民再也不能自己飼養牲畜，也不准自己販售稻米，而是必須讓大多缺乏經驗的黨幹部來經手。農民非自願地變成了全面計畫經濟的一部分，而短時間內形成的龐大官僚機構，消耗了大部分的資源。人民公社的巨大規模在許多地方造成管理混亂，因為過去的農村突然之間變成大型企業了。

結果是：市場上可以買的商品愈來愈少，不滿的情緒也愈來愈高。作為對策，毛澤東在一九五八年又下令進行另一個實驗。他想要用「大躍進」把中國的工業生產一舉推向世界頂峰。他計畫讓中華人民共和國在短短幾年內從一個落後的發展中國家躍升為領先的工業國家，十五年內甚至要追上英國。毛澤東醉心於一種全新的共產主義社會，在其中，人民把集體置於個人之上，「願意犧牲，充滿革命熱情！」

為了實現這個目標，農民也要做出貢獻，每個村子都要建造高爐來煉鋼。然而他們根本沒有可供冶煉的礦石。因此農民必須把所有能找到的金屬物品投入這些業餘建造的高爐中：鍋具、工具、腳踏車、鐮刀、犁頭，來達成計畫目標。在接下來的兩年裡，數十萬噸的農具被熔化了。煉出的鋼要不是材質低劣，或者本來就是廢鐵，既造不了曳引機，也造不了卡車。而且因為缺少了農具，全國廣大地區的農業也陷入停滯。

一九五九至一九六一年的大饑荒

一九五九年初，愈來愈多跡象顯示，國內糧食已經不足。我的祖父聽到中國中部的河南省——一個原本是全國糧倉的地方——傳來餓死人的消息。次年春天，類似的消息從其他省分也漸漸傳來。各地都出現暴動、搶劫以及人吃人的事件。

關於這場災難的規模以及其主要成因，當時在南京的我們家所知甚少。報紙上只有宣傳，對於饑荒沒有任何報導。城裡的情況雖然也很緊張，但政府優先供應城市居民。政府開始發放糧食配給券，一開始只限於米和麵粉，但後來擴大到所有食品和日用品。在那段時期，我的祖父也還能養活他的家人。他過去跟中盤商建立的關係，在這時候派上用場了。由於南京的街頭又見到乞丐，他認為這是一個明確的跡象，國內某個地方一定出亂子了。

共產黨領導層中的溫和派成功指出國內的弊端，並削弱了毛的影響力。「衣服品質差、伙食糟糕、住房條件惡劣，生活水準到處都在下降。」鄧小平斥責道。他是毛的政敵與後來的繼任者。「很多話說得太過頭，說得太滿。」鄧小平在一九六〇年秋天在共青團演講時如此批評。「這場運動有點太左了。」當時的國家主席劉少奇甚至敢公開批評他昔日的夥伴：「沒有什麼大躍進，我們已經大落後了。」毛澤東最後只好在一九六一年提前結束這場魯莽的運動。這是二十世紀最嚴重的人為饑荒。在這段期間，大約有三千萬到四千五百萬人喪生。

台灣強力推動教育

台灣這座島嶼在過去一直只是別的大國的一部分，如今必須把自己重新建設為一個獨立的國家：一個新的行政體系，有獨立的經濟體。一九四九年以前，大多數台灣人都是農民、商人或行政人員。當時幾乎沒有工業。國民黨在蔣介石的領導下，雖然以戒嚴令和威權的黨國體制統治這座島嶼，但是跟中國不同的是，台灣戰後的經濟發展得相當好。農業蓬勃發展，新的工業部門也逐漸興起。而且跟毛澤東的中華人民共和國不同，國民黨政府採取對西方國家開放的政策，並大力強化教育體系。一九四九年時，台灣只有一所大學，就是在台北的臺灣大學。到了我父親在一九五三年高中畢業時，就已經有十幾所大學了。他的大多數同學都上了大學。然而，這也導致接下來幾年裡出現太多大學畢業生，卻沒有足夠合適職位的狀況。許多畢業生因此到國外深造，特別是到美國。

當時有一些批評聲浪說，台灣是在為美國培養人才。當時的行政院副院長王雲五回應說：十個去美國的人，哪怕只要有一個最後回來，就足以建設這個國家。有趣的是，鄧小平在將近二十年後也說了類似的話。當時的美國總統卡特訪問北京，問鄧小平擔不擔心這麼多年輕的中國學生離開國家，會造成人才外流。鄧小平回答說：「只要他們當中有幾個回來，對國家就很有用了。」

我父親也想去美國留學。他聽說，美國為高學歷移民提供很好的生涯展望。但是如果要考慮向海外發展，他得在高中畢業後先考上一所台灣的大學。又因為他沒有錢讀一般大學，所以他決定讀軍校[11]。在軍校他不用付學費，反而還有服裝、伙食、住宿的補助。作為回報，他必須服兩年兵役。

國民黨政府最怕的事情，就是共產黨可能攻打台灣。一九五八年，父親服役時，島上大部分山區都禁止平民進入。海岸線的某些區塊也被劃為軍事禁區。他被派到金門兩個由台灣控制的離島之一。這些島嶼距離中國大陸只有幾公里之遙。他可以從那裡看到他的故鄉。

從學生時代起，我父親表現最好的就是自然學科。他的同學都認為他是個科技迷。各種科技報導，無論是關於美國最早期那些還很巨大的電腦、核能的物理基礎，或是美國太空總署（NASA）的火箭技術，都讓他深深著迷。他曾夢想進入太空研究領域做研究工作。當時全世界許多年輕人都有這樣的憧憬。那是美國和蘇聯都在進行大規模太空計畫的時代。一九五七年，蘇聯發射了人類第一顆人造衛星史普尼克一號（Sputnik 1），一九六一年又把首位太空人加加林送上太空。美國人則緊鑼密鼓地進行阿波羅計畫，準備發射第一艘載人太空船登陸月球。當然，父親也不抱太大希望，他不覺得美國太空總署在眾多候選人中，會選用中國人參加。不過，一九五七年，兩位在美國的華人成功獲得諾貝爾物理學獎。[12]其中一位還訪問台灣並做了演講，父親對此感到非常振奮。

當時我父親身邊大多數人都想讀物理、化學和電機工程的科系，還有核子物理和材料技術。塑膠也正在興起。那個時代充滿了對新能源的渴望。許多人已經看到，未來的核電廠將帶來無限且便宜的電力。蘇聯、英國、美國的第一批反應爐開始運轉時，台灣距離如此先進的技術還十分遙遠。然而誰要是早早專攻這些科目，就有更高的機會被美國大學錄取，甚至可能獲得獎學金。這也是父親熾熱的願望。

他所就讀的軍事院校，在當時是台灣唯一一所可以學習車輛工程的大學。那是為了能操作和維修軍用車輛。台灣的技術發展固然是政府的政策，不過當時還沒有人想到要發展自己的汽車工業。政府認為台灣太小，且發展程度不夠。儘管如此，父親還是想把重點放在汽車上，他想成為汽車工程師。他童年時對機動化中國的夢想，在這個時期看起來，比起過去任何時候都更不切實際。但是他並沒有放棄這個目標。學業即將結束時，他認識了一位畢業於慕尼黑大學機械工程系的蔡篤恭教授。教授問他未來的計畫。父親回答，他想研究引擎技術。於是教授推薦他到歐洲去。歐洲的引擎技術？跟他的同學一樣，我父親想

11 譯注：依李文波其他訪談資料，為兵工工程學院（車輛系），中正理工學院前身，後併入國防大學理工學院。後文的蔡篤恭教授即為當時兵工學院的副院長。

12 編注：李政道與楊振寧。楊於該年便應邀回台演講。

去汽車製造業領先的國家：美國。但是教授提醒，美國人在製造大型車身方面很在行，但對引擎沒什麼興趣。在六〇年代初期，美國普遍認為引擎技術已經相當成熟。當時幾乎沒有人關心耗油量和環境保護的問題。相反地，造車的重點是：車輛愈大愈受歡迎。當時已發展的引擎並不缺乏性能。美國的主要大學都不再提供引擎技術這個專業科系，就連位於汽車工業聖地底特律的密西根大學也不例外。通用汽車和福特對他們生產的大型轎車感到滿意。他們更關注的是生產最佳化的技術，也就是用更低的成本生產更大量的產品。

正如我父親後來發現的，德國人當時的想法和美國人類似。福斯汽車已經有金龜車了。引擎在德國也被認為已經相當成熟，再進一步的研究開發已無需要。福斯汽車也大量投資生產技術，以提高產量。沒有人想要更了解引擎，只要它們能運轉就好。石油價格還不是議題，溫室效應則要許多年後才開始被討論。但至少在歐洲還有研究引擎的科系可讀。父親的教授推薦了兩所大學：奧地利的格拉茨大學和德國的亞琛工業大學。

我父親決定去德國。德國不用學費，而且他聽說在那裡比較容易找到打工的機會，好支付留學所需。在六〇年代，西德普遍勞動力短缺。外國人進入這個國家並找到工作一點都不難。當時德國人並不擔憂過多外國人帶來的影響，行政機關對外國人的刁難也遠比後來少得多。

CHAPTER 4 啟程

航行

和十三年前從南京逃往台灣時只帶了一條被子不同，我父親這次前往德國帶了一個皮箱。是真皮的。高級貨。這是他當時買過最貴的東西。朋友都勸他別買：這麼高級的皮箱一定會被偷。為了防止這種情況，他用很大字母寫上了自己的名字：李文波。這個皮箱今天還在父親家的地下室裡。皮革現在已經脆弱了，但那些粗大的字母仍清晰可見。

同學們警告他，德國的冬天非常冷。由於他在亞熱帶的台灣從來沒有冬季裝備，我父親只好自己想辦法：他所擁有的衣物當中，唯一一件品質比較好的是一雙他服役時留下的軍靴。皮製的鞋至少是防水的。另外還有一條也是服役時留下的軍毯。他把這件軍毯改成一件大衣。因為軍綠色不太方便，所以他修改前先把布料染成黑色。除了這兩件物品，他還在箱子裡放了幾本專業書籍。因為他聽說德國的書很貴。而這些書在台灣有影印盜版。

帶著這些家當，他在一九六二年的六月登上了輪船。

這是當時一般人遠程旅行的交通工具。當時還沒有從台灣到德國的直航班機；那時候的飛機根本沒辦法飛這麼遠的距離。我父親先搭船從台灣到香港，在那裡登上一艘大型客輪，然後開始為期一個月的歐洲航程。

當時在香港和歐洲之間通航的只有三艘船。它們分別是「寮國號」、「西貢號」、「柬埔寨號」，負責營運的是一家法國航運公司。我父親買了「寮國號」的船票，這是三艘船中最小最便宜的一艘。儘管如此，它還是能搭載數百名旅客。我父親搭三等艙，跟其他五位乘客共用一個艙房。其中四位是學生，跟他一樣要去歐洲讀書。有一個要去巴黎，另外一個要去西班牙的神學院。只有一個已經開始工作。他是廚師，年紀明顯較大，也是唯一一位同樣要去西德的人。他沒有皮箱，而是像我父親童年所熟悉的那樣，帶著一件布包的行李。裡面沒有任何衣物，只有兩個炒鍋、鍋鏟、切菜刀、剁菜刀。以今天的標準，他帶這些利器根本過不了安檢。他是想去應徵中餐館的廚師。

船從香港出發後，要先到西貢，然後繼續前往新加坡、孟買、葉門，再經過紅海和蘇伊士運河到亞歷山大港，最後橫跨地中海抵達馬賽。我父親過去只從書本上認識這些城市，這些名字對他來說遙遠而陌生。現在他將親眼看到這些地方。

我父親很享受船上的時光。甲板上聚集了許多在台灣或香港讀過書，正要回國的年輕人。他們來自新加坡、越南、馬來西亞或菲律賓。幾乎所有人都有華人血統，但他們的家族已在東南亞生活了好幾世代。他們是所謂的華僑：這個中文詞指的是海外華人，多半是人脈廣闊的富裕家庭。華僑不久後將在台灣、香港、東南亞國家之間建立重要的經濟聯繫，之後還成為中華人民共和國的重要投資者。這些我父親當然都還不知道。但是這些人給他留下一個深刻的印象：他們心情愉快，有一種即將起飛的朝氣。他也想成為他們的一員。

隨著輪船在南海上愈來愈接近新加坡和麻六甲海峽，艙房裡就愈來愈熱。白天時，我父親和其他人坐在下層甲板上打盹。到了晚上，

李文波的行李箱，一九六二年他帶著它登上「寮國號」，開啟了一段新的生活

太陽不那麼熾熱時，他們就上到頂層甲板去。然後大家就開起派對。那些來自東南亞的年輕華人很會唱歌，有些人還帶著吉他。許多人跳起舞來。我父親對這種歡聚的場合一點都不熟悉。他當時二十六歲，這是他到那個年紀為止經歷過最美好的時光。

在西貢和新加坡，船必須停下來加油，並補給物資。我父親逛了一圈港口和市中心，但什麼都買不起。連吃的都買不下手。他身上只有四十美元。他不想動用這筆錢。他特別喜歡西貢：人們很友善，歐式風格的殖民建築非常漂亮。這增加了他對歐洲的期待。

在停靠新加坡後，船上的氣氛改變了。那些開朗的年輕人下船了，印度洋上非常悶熱，船上的空氣愈來愈窒悶。輪船在亞丁灣駛向吉布地時，遇上了一場大風暴。我父親和艙房裡的所有人都嚴重暈船。但最糟糕的是：船上沒有飲用水了。之前在餐廳用餐時，桌上除了一瓶法國葡萄酒外，總是有幾瓶水。但現在只有葡萄酒。為了避免脫水，我父親只好喝紅酒。當然，這只會讓他的暈船更糟。所以多年來他都不敢再碰紅酒。

當我父親日後談起這次航程，總會提到那位和他同住一個艙房的準神父。儘管在風暴中他自己也很不舒服，但他還是用平靜的聲音講述孫中山的故事。這位中華民國的創建者在半個世紀前曾經三度乘船往返中國和歐洲，還多次橫跨太平洋前往美國，為年輕的中華民國爭取支持。當時的船更小，一定搖晃得更厲害。「我們要去歐洲讀書。」他給同船的人和自己打氣。「這是其他許多在台灣和中國的人沒有的大好機會。我們要堅持下去！」日後我父親遇到困難時，總會想起這些話。

一九六二年八月五日，我父親帶著他的棕色皮箱、幾件衣服、盜版的專業書籍和四十美元在馬賽港登岸。他和那位背上扛著廚具包袱的廚師一起，從港口走到中央火車站，準備搭火車前往德國。

中國的文化大革命

當西德正處於經濟起飛、生活條件穩定發展之際，中國大陸的經濟情況和人民生活條件卻幾乎每天都在惡化。那個時期中國並沒有可靠的經濟數據，但是數以百萬計的人正在挨餓。中國著名的經濟奇蹟，在當時仍在遙遠的未來。

在大躍進的災難之後，毛澤東雖然仍是共產黨主席，但是他的政治地位已然削弱，他開始面臨逐漸失去權力的危機，特別是有愈來愈多重要人物開始靠到毛的對手副總理鄧小平、國家主席劉少奇這些人身邊。一九六六年春天，毛澤東的執政方式已無法獲得政治局的多數支持，北京的地方黨部領導層已經背離他，而且下令媒體不再提到他。

然而為了保住權力，毛澤東在一九六六年春天發動了一場持續到一九七六年的運動，這場運動在中國歷史上被稱為文化大革命，或者「十年動亂」。毛澤東在亂局中特別如魚得水。一九六六年五月十六日，他號召了「無產階級文化大革命」。他在演說裡向年輕學生喊話並煽動他們，把世代衝突提升到「階級對立」的程度：革命的青少年要起來對抗反動的成年人。儘管當時已經七十二歲高齡，毛澤東仍然完美地掌握著煽動群眾的技術。他的號召產生了效果：數萬名青少年在北京天安門廣場集會，手持毛語錄，當時所謂的紅寶書，向他們的偉大領袖熱烈歡呼。很快地，全國各地開始組成紅衛兵，這些激進的少年不再上學，而是質疑一切既有的事物。學生將老師折磨致死，大學生羞辱他們的教授，青年搗毀有數百年歷史的寺廟和紀念碑，甚至不惜公開批鬥自己的父母。因為在毛澤東的眼裡，父母、老師、教授都是必須打倒的「舊」權威。毛要求用一種新文化來「淨化」中國。在文革期間，中國失去了許多著名的學者、科學家、教育家，這讓中國的研究和教育在往後許多年都受到衝擊。毛澤東躊躇滿志。他在一九六六年六月二日給他更為激進的妻子江青的信上說，「我要製造天底下最大的混亂，以創造最大的秩序」。

數百萬青少年反叛、毆打、聚眾鬧事、謀殺，只因為年邁的毛主席鼓勵他們這麼做。數百萬城市居民被下放到農村，在那裡接受政治改造。就像我父親的四妹。她排行第五，因此在家中被稱為小五。她和丈夫在南京一家為軍方生產設備的電子工廠工作。有一天，政府決定把工廠遷到農村。因為毛澤東擔心跟蘇聯發生核戰。自從赫魯雪夫成為蘇共中央委員會主席後，由於雙方都爭奪共產主義世界的領導地位，中蘇關係發生嚴重的惡化。這場爭執在一九五八年以分裂告終，雙方此後多年來多次公開敵對。為了在核戰中保護特別重要的生產設施，毛下令將它們從城市遷出，通常是遷往山區。南京有一部分工廠被遷往落後的江西，包括工人在內，其中就有我的姑姑和她的家人。在文革期間，他們不得不在貧困中生活。他們經常挨餓，還遭到虐待。

我姑丈被年輕的紅衛兵批鬥，最後被逮捕並被毆打。理由是：他有一個在敵對國家的大舅子：我父親。審訊時，他被問到與階級敵人有什麼聯繫。其實什麼聯繫都沒有，他根本沒見過我父親。又怎麼可能見到呢？我父親離開南京時，五姑姑才六歲。但是紅衛兵不相信，狠狠地毆打他，打斷了他的肋骨，他重傷倒地。姑丈後來再也無法挺直站著。他後來說，紅衛兵純粹是因為無聊才虐待他。學校都關閉了，老師被羞辱，還常常被趕走。少年們強迫受害者進行自我批判。他們必須招認自己犯下反革命的罪行。沒有什麼可以招認的人，就得憑空編造。但承認與否其實沒有區別。紅衛兵無論如何都會辱罵、毆打受害者，並往他臉上吐口水。

我的祖父必須向紅衛兵出示與我父親的所有通信。他在國外是做什麼的？他是否涉及政治？這個叛徒對中國祖國有什麼陰謀？幸運的是，這些信都很無害。但是紅衛兵仍然對這個家庭施加更大的壓力。儘管這一家已經失去了一切，紅衛兵還是提出更多要求。我的祖母是一位虔誠的佛教徒。她的房間裡有一個供奉觀音瓷像的神壇；觀音是慈悲的女神。他們想強迫她交出這尊佛像，作為她與舊文化決裂的證明。她拒絕了。紅衛兵威脅要她坐牢時，她在桌邊把佛像摔了個粉碎。只因為我祖母年事已高，紅衛兵才終於放過她。

我父親的二姊也跟她四個孩子一起被下放到農村。她被要求拋棄資產階級的大城市生活方式，轉而向被視為真正革命者的農民學習。她和孩子們被迫養豬與耕田。因為他們本來是城市人，在村子裡被視為外人，因此過著比當地農民更苦的生活。當中國在七十年代末開放，我父親得以訪問南京，二姊一家仍然在農村過著極度貧困的生活。一九七八年，父親利用與農工機械部部長楊鏗（當時在北京）建立的聯繫，讓二姊一家在十多年後終於獲准返回南京。

就像數百萬其他家庭一樣，文化大革命也分裂了我的親戚。除了三個姊姊，我父親還有另外四個妹妹。最小的兩個，他在逃離前幾乎沒有機會認識。她們在文革期間成為毛澤東的狂熱支持者。他最小的妹妹以及她同樣年輕的丈夫甚至加入了紅衛兵。她在家裡被稱為小九。在兄弟姊妹中她其實排行第八。但是因為在中國迷信中，八被認為不是個好數字，家裡就叫她小九。他們和其他紅衛兵一起在全國各地宣揚毛主席的教導。他們可以免費搭火車。村長們都受到指示，要為年輕的紅衛兵們提供飲食和住所。他們對意識形態其實不怎麼了解。他們只是想開心玩樂——一開始他們確實也玩得很開心。但是隨著時間的進展，風向轉變了。長期負責各縣各村的黨代表很快就覺得紅衛兵令人厭煩，且意識形態僵化。文革持續得愈久，長輩就愈不願意給這些年輕人提供食物。紅衛兵愈來愈難找到願意招待他們的村莊。他們流浪了幾個星期，不知道有什麼地方可以待。小九和丈夫又病又餓。最後他們疲憊不堪地回到南京。

我在八〇年代初見過這位姑姑。她很友善，樂於助人，總是為整個大家庭煮飯。但是她經常胃痛。自從當紅衛兵回來，她一直苦於慢性疾病。她自己和家人都認為，她對無辜者施加的折磨，以及在外流浪的艱辛，在精神和身體上都傷害了她。一九八三年，她僅僅三十五歲就死於癌症。

在德國的生活——一九七七年的南京之行

一九七二年，我父親終於能從德國與南京的父母取得聯繫。那時他已在亞琛完成機械工程博士學位，專攻引擎技術。在一場中國學生的聚會上，他遇見了我母親。他們結婚後一同搬到狼堡，因為他在福斯汽車找到了一份很好的工程師職位。

一天晚上，他寫了一封信給他父親。那封信他刻意寫得很含糊，避免牽涉太多個人資訊，關於政治更是隻字不提。他不想讓他在中國的家人陷入危險。雖然文化大革命的高峰期已過，毛澤東也呼籲恢復正常生活，但我父親仍擔心他的信件會被審查。事實也證明如此。

幾個星期之後，一封來自中國的信出現在他的信箱裡，上面貼著毛澤東郵票，裝在一個典型的中式信封裡，由狼堡的郵差送達。中國與世界的聯繫管道又重新開啟了。我父親先把信放在廚房桌上，遲遲不敢拆開。這是將近四分之一世紀以來，他第一次收到父親的消息。上次見面時他還是個孩子。但現在他自己也要當父親了：我的哥哥即將出生。

就像我父親寫給他父母的信一樣，他們的回信也很含糊。沒有任何政治或社會性的意味。但是我父親能從字裡行間感受到，父母聽到他的消息時是多麼喜悅。他們開始定期通信，但要等到五年後見面才成為可能。

儘管西方媒體對文化大革命的報導不多，我父親在德國還是得知中國大陸的人民遭受了多大的苦難。透過香港等地的消息來源，他了解到告密和饑荒的情況，以及工業生產的停滯。一九七七年十二月，當他第一次重返故鄉，南京的狀況還是讓他震驚。幾乎一切都和一九四八年秋天時沒兩樣：擁擠的房屋、狹窄的巷弄，整個城市的面貌都沒改變。只是一切都更破舊、更髒亂，也更貧困。與德國二戰後的快速重建和技術進步相比，或是跟五〇年代中期起台灣的經濟起飛相比，南京的發展完全無法相提並論。

這種感受從他一抵達機場時就開始了。他看到兩幅大型肖像被高高掛起：一幅是剛過世的毛澤東，另一幅則是他的繼任者華國鋒。候機大廳小得像個臨時棚屋。機場前的停車場只停放著軍用車輛。計程車一輛也沒有。我父親的兩個妹夫前來接機——他們是騎腳踏車來的。腳踏車今天聽起來也許很環保，但在當時是生活水準低落的象徵。雖然也有前往市區的公車，但只在飛機降落時才發車。降落的航班很少。而且就算有飛機降落，公車也不一定會來。一位妹夫說，等公車的話，他們可能要在機場待到深夜。他把我父親沉重的行李綁在腳踏車的貨架上。另一位妹夫則用他的貨架載著我父親，他們便這樣在一條坑坑洞洞的砂土路上顛簸著往市區前進。這可是從機場通往南京市中心的主要幹道。

他們騎了不到幾百公尺，我父親就開始覺得冷，儘管他穿著厚重的冬天外套。這時他才想起，中國南方冬天潮濕的寒氣是多麼刺骨。

整條路上幾乎看不到汽車。偶爾有零星幾輛卡車或吉普車呼嘯而過，全都是軍用車輛。一般人缺乏移動的工具。南京的城牆終於進入視野，其中有些段落還是明朝留下來的，已有四百多年歷史。他們穿過了光華門。過了門後，就是市中心的狹窄巷弄。這裡也是什麼都沒有改變。我父親長大的那條街，那個四合院，一切都和他的童年記憶一模一樣，只是更加破敗了。

他的父母都老了，兩人都過了七十歲。他最後一次見到他們時，他們才四十多歲。這樣長久的離別與重逢，大概沒有人能做好準備。

他們本來有很多話可以談：父母這三十年是如何度過的，被共產黨沒收財產、饑荒、文化大革命，我父親在台灣和德國的經歷，誰和誰結婚了，出生的孩子們，等等等等。但是當天晚上聚在一起時，他們主要談論的卻是天花板。外面下著大雨，水從四合院屋頂的好幾處漏到房間裡來。他的姊妹們忙著在漏水處擺放水桶和盆子，滿了就倒掉。這個問題顯然已經很久了。屋子裡有些地方甚至可以看到南京上空的雲層。

我父親在亞琛讀書時，為了維持生計，曾當過泥水匠的助手。他對父母說，他知道如何修補牆壁和屋頂，並建議第二天就去買砂漿、水泥、屋頂瓦片。他已兌換了足夠的現金，可以立即開始修繕。

然而他父親拒絕了。所有房子現在都屬於國家。已經沒有私有財產了。個人自行維修是不被允許的。如果有東西壞了，受影響的居民必須向居民委員會申請修繕。然後會有人來修理損壞的部分。但是祖父說，等待名單很長。非常長。城市裡破損的房屋太多，根本修理不來。也沒有建材，沒有相關行業的店鋪或市集攤位可以買到，不像以前那樣。連向來構成中國特質的個人主動性都被剝奪了，這讓我父親深感震驚。還有一件事也令他震驚，那就是傳統禮俗幾乎完全從中國社會消失。在一場婚禮上，他見識到毛澤東是如何徹底消滅了這些習俗。

婚禮在一個擺著幾張大圓桌的大廳裡舉行。每張桌子可以坐十二個人。除了新人以外，沒有人穿傳統服裝。這跟他童年記憶中的情景完全不同。只有新娘還穿著旗袍，那種傳統的高領長身的絲綢禮服。一九七七年幾乎沒有人買得起旗袍。但這不僅僅是經濟能力的問題。在漫長的歷史中，即使經歷各種變革與朝代更替，中國人一直為能夠保存自己的文化根基自豪。這些根基包括婚禮中要有傳統的茶道儀式、有婚宴與祝詞。但是在毛澤東時代，這一切都消失了。這些儀式一個都不剩。相反地，賓客們都帶著大袋子和鍋子。只有我父親被邀請致詞，算是作為國外來的貴賓。我父親準備了，外套口袋裡放著一張筆記。但因為飯菜已經上桌，他不想讓菜涼了，就簡短地說了幾句。他也注意到所有賓客似乎都很急。他才為新人舉杯祝賀，所有在場的人就撲向食物。沒有人和鄰座交談，所有人都低頭專心地、幾乎是有系統地吃著飯菜。我父親癱坐在椅子上。中國的社會結構已經支離破碎。

在所有人吃完之前，服務生就端著大臉盆來到桌邊，其中一個大聲喊著：「時間到了，結束！」然後就開始收拾碗筷。賓客們對這個訊號反應十分熟練。他們迅速拿出鍋子和袋子，開始打包剩菜。幾分鐘內，一切就收拾完了。所有人站起來離開。婚禮就這樣結束了。

回家的路上，沒有人提到新人，也不談其他賓客。話題只圍繞著食物。誰吃到了特別好吃的菜，誰沒吃到。

將近三十年來，南京的外表變化不大，街道沒變，房子沒變，連路邊的法國梧桐都沒變。但是人變了。我父親認不出他們的行為舉止，就連他父母的行為反應也認不得。

毛澤東到底做了什麼？在共產黨掌權之前就有人認為，只有擺脫二千二百年帝王時代的陳規舊習，中國才能實現現代化。畢竟，一成不變的經學教育和對千年傳統制度的頑固堅持，使社會和科學無從發展。思想過度傳統的社會也阻礙了社會流動性和創新。但是過去的政治思想家，無論在晚清或短暫的民國時期，都不會想像過與舊世界如此徹底地決裂。從今天來看，韓國、日本、台灣的例子都證明，即使保留一定的傳統，經濟成功也是可能的。

雖然孔子是個半神話人物，雖然他留下的一點點著作受到歷代統治者的不同詮釋，但是對社會秩序的強調還是貫穿了二千二百年的中國歷史——直到這個舊秩序在一九四九年戛然而止。知識階層以儒家經典為基礎進行交流，這是所有人都熟知的。但是毛澤東把這些傳統與價值觀從社會意識中驅逐出去了。透過對傳統儀式與信仰的狂熱鬥爭，中國社會喪失了在如此長時間裡得以自我維繫的肌理結構。在古代中國的精神裡，每個人都有自己的位置、角色和對整體社會的責任。社會由家庭和職業關係的聯繫網絡所組成。這是約束性的，也不符合以個人自由為基礎的現代社會理想。但是在這種聯繫網絡被破壞之後，個人就失去了行為的標準而陷入孤立。社會也呈現一種精神上的空虛。

CHAPTER 5 巨人甦醒

中國不鬆懈

一九七八年四月中國部長的來訪，本來應該在《狼堡新聞報》上引起一定的關注。然而這樣的事卻沒有發生。這件事最多只在報紙的角落裡被提到一下。之後好幾個月，我父親和廠裡的其他人都沒有再聽到來自遠東的任何消息。就在這件事幾乎已被忘記時，同年秋天，中華人民共和國的第二個代表團宣布要來拜訪。董事會再度聯繫我父親，問他能不能參加會談？他說當然可以。

十一月十三日一大早，我父親就站在福斯汽車大樓的正門口，再次迎接中國代表團。這次的訪問經過了事先的安排。一行十四人的規模比四月時大得多，其中還包括中國大使館的經濟專員。然而父親看到這群人時，仍然無法想像中國和福斯汽車之間有一天會有密切的合作。因為這些中國人仍是有點迷失地站在那裡，身上穿著不合身的西裝，看上去一點都不像世界上人口最多國家的政府代表。

這個星期一，福斯方面出席的有總裁東尼．施穆克、銷售董事韋納．施密特，以及國際合作部門的員工。當德方遞出名片，中方只給了列有代表團成員姓名和職務的一張紙。沒有地址、電話號碼或其他可以聯繫的資訊。後來一位代表向我父親坦白：整個北京都找不到能在出發前及時印製名片的地方。

代表團正式名稱是「中國機械工業考察團」，由周子健帶領，他是機械與能源部部長，主管汽車製造。顯然，君特．哈特維希所說的話產生了效果：他們不再像半年前楊鏗來訪時那樣著重商用車，而是轉向小轎車。其他成員都是省市級的官員和黨委書記，全都來自交通和基礎設施建設領域。

部長帶來的翻譯從一開始就應付不來。他完全不會德語，英語也差得幾乎沒人聽得懂。他緊張地不斷看著筆記本，試圖逐字記下所有談話內容。從他的表現可以看出，他之前顯然很少實際當過翻譯：他用費解的英文翻譯說，這個代表團出國考察的目的，是參觀與見識國外機電工業的現狀和發展。不過德方至少從第一次的談話中了解到，代表團之前已經去過捷克斯洛伐克和匈牙利，這兩國當時都是中國的社會主義兄弟國。西德是他們的第三站。

很顯然地，父親又得充當翻譯了。而且又一次地，沒人介意他不總是逐字翻譯，而是會在需要時提供額外資訊。父親原本只是研發部門的工程師，這時突然間就參與了公司的核心決策。不過他當時並沒有想到這會不會帶來重大的升遷機會。他只是注意到，中國政府代表的表現是多麼缺乏自信。三十年對外的完全封閉，在這些人身上留下了鮮明的痕跡。

跟第一個代表團的部長相比，周子健在參觀生產廠房時展現出更多的專業知識。在這個多數人都很畏縮的團隊中，有一個人引起了父親的注意。他叫蔣濤，是上海市機電工業局局長。其他人都默不作聲地跟在部長後面，蔣濤卻問了很多問題，偶爾還會開個玩笑。福斯的代表們一度以為他是代表團團長。這是一個無意識但正確的預感。蔣濤後來成為福斯中國業務中最重要的人物之一，他建立了完整的供應商體系。他在中國至今被稱為「桑塔納之父」實至名歸，桑塔納（Santana）是福斯在中華人民共和國最早也最成功的車款。在狼堡訪問時，蔣濤就主動找上父親，很大方地介紹了此行的背景。父親很感激有蔣濤在場。父親對共產中國的許多慣例一無所知。他不知道共產黨體制中的等級制度是怎麼回事，比如黨委書記的權力比部門主管大。在中華人民共和國，每個機關、首長職務或甚至每個中央部會都有一個平行的黨組織，各由一位黨委書記領導，他們的權力總是大於市長、省長或部長。當時還沒有任何書籍敘述這種等級制度及其各自的意義。

另一方面，那天有一位代表團成員是我父親完全沒注意到的。他姓江，自我介紹是機械工業部外事司司長，除此之外幾乎沒說過話。但是後來他的仕途爬昇最高。這個人是江澤民，在一九九三年至二〇〇三年間擔任中華人民共和國國家主席。他在任多年後，一九九六年在北京車展上發生了一個值得注意的場景。那時我父親正負責福斯汽車的北京總部。國家主席參觀展覽會是一個非常正式的場合，身後有數十名高級官員、安全人員、記者陪同。江澤民來到福斯的攤位時，父親正要說他準備好的歡迎詞，主席卻打斷了他：「我們認識的。」父親曾在江澤民擔任上海市長時見過他幾次，但只是遠遠地看

一九九六年，江澤民（中）在汽車展覽會上參觀福斯攤位，站在他左邊的是李文波

見。江澤民感覺到我父親的不安，就說：「年輕人，你忘記了嗎？我們一九七八年就見過面了。你是福斯汽車唯一的中國人，還有博士學位。」他說他當時覺得，這對一個身在國外的中國人來說非常不尋常。他很高興我父親現在住在北京。「家裡都好嗎？」他還問我父親住得是否舒適。一個安全人員拍了拍我父親的肩膀，請他簡短回答，他們該繼續往前走了。但是江澤民揮揮手說：「我們是老朋友了。」

回到一九七八年：福斯總裁東尼．施穆克在代表團來到之前就考慮過與中國可能的合作。施穆克建議，不要侷限於只造一條生產線，而是應該考慮在中國建設一整座工廠，未來可望向整個東亞和東南亞出口汽車。「德國製造」的產品對亞洲市場來說太昂貴，此外還要加上運輸成本。直接在亞洲生產的汽車就可以便宜得多。中國對這樣的模式有興趣嗎？部長回答：「為什麼不呢？」任何形式的合作都可能，包括合資企業。合資企業？

在今天的商業界，因為蓬勃發展的中國業務，這個詞每個人都熟悉。但是當時父親是第一次聽到。他那時無法想像，這種合作形式不僅將成為福斯汽車，而且幾乎成為所有想在中華人民共和國發展的西方企業的關鍵。不只如此，合資企業還將成為中國改革開放政策的一個核心要素。

黑貓白貓，能抓老鼠的就是好貓

回顧當年，只要看一眼毛澤東留下怎樣的經濟局面，就可以理解為什麼打算在中國生產汽車是一個非常離譜的想法。毛澤東的各種社會實驗摧毀了所有基礎建設。一九七八年的中國幾乎沒有柏油路，更不用說高速公路或快速道路。鐵路運輸也幾乎停擺。火車行駛數百公里需要一整天。許多城市甚至沒有鐵路連結，許多地區難以到達，一些村莊根本沒有路。這些地方很大程度與外界斷絕聯繫。即使那些能夠到城市的農民，也很少真的進到城裡。因為他們被禁止在城市裡販賣水果和蔬菜。那被認為是資本主義的行徑。所有市場，即使是最原始的在廣場擺攤的形式，也幾乎完全消失。只有國家負責供應一切，但效率極其低落。就連在五〇年代中期的人均糧食供應量都比一九七八年還多。七〇年代末期，中國人的年平均收入連二百美元都不到。超過四分之一的人口生活在貧窮中。

在文化大革命期間，大部分生產也都崩潰了，所有工廠都被國有化。行政部門也缺乏有經驗的專業人才。領導層多是黨委書記，他們雖然深諳共產黨的複雜體系，但是對化工廠、鋼鐵廠、建築產業一無所知。工廠生產什麼產品、多少數量，都由政府決定。這種由國家制定一切的計畫經濟，導致沒有工廠經理會重視獲利或節約資源。如果工廠虧損——

而且幾乎所有工廠都在虧損——那政府就會補貼。由於員工也不是按照績效表現支薪，所以工作時並不認真，或乾脆曠職。大多數國營企業都變成龐大的機構，僱用太多工人和職員，但幾乎都生產不出有用的商品。

當時中國的汽車製造業處在完全落後的狀態。在七〇年代後期，中國大約有十億人口，每年卻只產出十五萬輛車。這些幾乎都是載重車和巴士，其中百分之七是軍用越野車。小轎車生產的比例占不到百分之三。這個龐大的國家當時只有兩個汽車生產基地。一個位於遙遠的北方，在多霧寒冷的長春市。這裡有第一汽車製造廠（FAW）的工廠[13]，這是毛澤東在建立中華人民共和國後，在共產主義旗幟下設置的第一家汽車製造廠。在那之後，又增加了第二個基地。這是在中部的湖北省的第二汽車製造廠（SAW），是蘇聯式的聯合企業，但只生產載重車。

然而變革即將來臨：一九七八年十二月，在北京的一次共產黨領導工作會議上，出現了一個矮小的男人。在過去二十年裡，他主要以毛澤東的黨內反對者而知名。他因此好幾次被毛澤東打倒與流放，但總是被召回領導階層。他的名字是鄧小平。他在這次工作會議

13 譯注：今天稱為中國第一汽車集團，簡稱「一汽」、「第一汽車」。後文的上海汽車工業公司則簡稱「上汽」。

上所宣布的訊息雖然意義重大，但卻沒有受到太多關注：「黨必須放棄烏托邦，今後要從事實中尋求真理。」他宣示，高經濟成長是值得追求的目標。

在毛澤東去世兩年後，鄧小平成功地削弱了毛澤東指定的繼任者華國鋒的權力，使自己成為黨和國家的領導人。鄧小平表面上保持低調，但他持續且幾乎無聲無息地讓自己的支持者擔任所有重要職位。

鄧小平並沒有一個總計畫。在數十年的計畫狂熱之後，他也不想要有任何計畫。他跟整個新的領導層都表現得非常務實。「不管黑貓白貓，能抓老鼠的就是好貓。」這是他在六〇年代初期就提出的一句話。後來在文化大革命期間，他因為這句話而受到毛澤東的懲罰。但現在他這句話成了國家的信條。鄧小平準備在經濟上開放他的國家，讓西方投資者進入中國。次年他宣布，到二十世紀末，中國的國民平均年收入將增加五倍。

同時鄧小平也足夠聰明，並沒有跟共產主義完全決裂。因為他本身就是黨的元老。廢除這個體系就意味著他自己的垮台。此外，他也擔心權力真空可能讓國家陷入多年的混亂。因為毛澤東儘管有他的意識形態實驗，但還是成功地讓這個大國維持在共產黨的控制之下。鄧小平想要保住這個權力基礎，並加以利用。要改革，但是不改體制。

第二個中國代表團訪問狼堡的時間點，就落在共產黨這次重要工作會議的前幾週，正好是在這個變革時期裡。此外，計畫發展委員會——至今仍是共產黨領導層中一個非常重要的機構——對外貿易部以及國務院在一九七八年夏天也宣布過，應該再建立一個汽車工廠。這是一個很值得期待的宣示。同時，在生產技術上，中國當時只有五〇年代的知識，停滯了大約三十年。大家都知道紅旗轎車，這是毛澤東指示生產的一款大型豪華轎車。但即使是這款龐然大物，生產技術也是完全過時的，每一顆螺絲都必須由工人用手鎖緊。因為中國沒有這方面的機具。也因此，紅旗的年產量很小。過時的技術、缺乏工具機等等，從德國的角度來說，這都不是進入市場的良好條件。此外在中國，什麼時候一般人才能負擔得起自己的汽車，也是個未知數。在一九七八年，一輛汽車的價格至少是社會主義統一工資的一百倍。

在這個宣告發布後，我父親就得到消息，說中國政府想從國外採購一條組裝生產線，也就是想買一座完整的工廠。他們希望藉此獲得國外的技術知識。我父親接觸的是機械工業部副部長饒斌，他建議把生產線設在上海。因為那裡已經有上海汽車工業公司（SAIC）的工廠；這是上海市的一家省級企業。按照饒斌的想法，上海汽車工業公司應該能夠每年生產十五萬輛轎車。其中大部分預計出口，因為中國急需外匯。至於國內市場，由於一般人購買力太低，只計畫幾千輛。十五萬輛，大部分要出口？乍看之下，這對福斯汽車似乎沒什麼好處。但是我父親仍覺得這是一個機會。

在一九七七年冬天訪問中國時，他經歷過連計程車都沒有的困境。雖然在可預見的未來不會出現私人汽車市場，但是以超過十億的人口來看，即使轎車一開始只作計程車用，對福斯汽車這樣的公司來說可能也是值得的。依照這個想法，我父親向福斯汽車董事會提議：即使中國人當中只有一部分人每個月搭一次計程車，這也會創造出一個可行的市場。此外還有政府機構。中國有數不清的政府單位，即使其中只有一部分購買少量公務車，就絕對數字而言，這也代表福斯汽車可以把很多很多汽車賣到中國。這可以視為一個過渡期，直到當地的合作生產實現為止。他的上司都用懷疑的眼光看著他。

通關密碼：合資企業

正如我父親後來得知，福斯汽車絕非中國政府談判的唯一一家。中國曾敲過賓士、美國通用和福特的門，也接觸過法國的雷諾（Renault）和寶獅（Peugeot，過去稱為標緻），還有日本的豐田（Toyota）和日產（Nissan）。中國政府在選擇合作夥伴時，從一開始就不只是要求這些車廠在中國製造和銷售汽車，也希望中國人能從西方汽車工業中學習。

豐田因為當時正在與台灣進行協商，因此不願涉入這樣的合作。人口不到中國五十分之一的小小台灣，在當時反而更加有利可圖。賓士表示，原則上不對外國轉讓技術。兩家法國企業雖然考慮合作，但是擔心在出口到中國的鄰國時會有嚴重的問題。畢竟中國的貨幣在國際貿易中是個特例。人民幣既不能匯出，也不能兌換。日產和福特提出的建議，則不為中國政府所接受。最後，沒有任何一家大型車廠能想像，該怎麼跟這個世界上人口最多的國家展開合作。通用汽車確實表示過一定的興趣，但是美國人只想在中國生產卡車。如果要生產轎車，也只願意組裝零件全部來自美國。通用汽車一開始也認為中國市場太小了。

福斯汽車在考慮與中國合作時，面臨的最大問題在於該國的政經體制。作為一個嚴格的共產主義國家，中華人民共和國不允許私有制和私有企業。土地屬於國家所有。所有國營工廠的利潤也歸於國家。即便福斯汽車有一部分也屬於下薩克森邦政府，但是福斯仍是以私營方式經營，必須對股東負責並支付利潤和股息。共產主義國家的國營企業要怎麼跟自由市場經濟的企業做生意，這個問題連我父親一開始也無法回答。

然而，第二個中國代表團的周子健部長在訪問狼堡時提出了合資企業的模式。這個概念是來自美國的法律用語。特別是在第二次世界大戰後，美國企業透過與國外合作夥伴企業合作，來擴大對外貿易。嚴格來說，這個術語描述的是，由兩家合作的企業共同且平等地擁有第三家企業。這種結構的優點是，兩家母公司都能依照各自國家的法律形式保持獨立，即使在不同的法律制度下也不用走旁門左道。把這種法律形式以變通方式引入共產主義中國的，是美國人湯瑪斯·阿奎納斯·墨菲，當時的通用汽車總裁。墨菲曾在一九七八年十月跟一群通用汽車代表親自到中國考察。在一九七二年負責卡車部門之前，他主掌轎車部門，並在一九七四年出任總裁。墨菲同時也是金融專家。實地考察後，通用汽車考慮在中國建造卡車工廠，而墨菲提出了一種新型態的合資企業：在中國方面，由國營企業而不是私營企業加入合資企業。

具體而言，墨菲的模式是由外國合作夥伴投入資金、技術知識、品牌、管理能力到合資企業。中方則提供土地、廠房、工人。企業由雙方代表共同管理。墨菲在說服通用汽車董事會跟共產主義國家合作時，遇到很大的困難，但是中方這邊也沒有比較容易。中國國營企業上海汽車（SAICS）的領導層持懷疑態度。跟資本主義國家的企業進行這樣的合作，對他們來說難以想像。文化大革命才剛剛結束。毛主席給他們灌輸了許多關於資本家的教條：西方企業的邪惡意圖、社會主義的優越性、中國要追求自給自足等等，這些理念都還牢牢留在他們的腦海裡。

不過鄧小平本人非常喜歡這種國營與私營的合資企業模式。他堅信中國只能在西方國家的協助下發展起來，因此他需要外國投資者。在他看來，這並不違背國營經濟的原則。至少他的說法是這樣的：合資企業基本上仍是「社會主義的」。但是中方可以從資本主義企業的經營中學到東西。墨菲為他的模式辯護說，合資企業就像婚姻，如果合資企業成功，雙方都能獲利，如果失敗，雙方都會虧損。在這之後，鄧小平就把合資企業訂為一種所有想在中國投資的外國企業都必須遵循的模式。只是通用汽車直到二十年後的一九九七年，才成功跟中國合資夥伴建立這樣的合作關係。

福斯汽車前進中國——到底去還是不去

一九七九年五月，中國又派出一個六人代表團訪問狼堡，這次沒有部長隨行。福斯官方的認知是，這還不是談判，雙方只是在做試探性接觸。在會談期間，福斯汽車財務部一位代表找上我父親：「李先生，您能不能問一下這些客人，他們是否知道造一座年產十五萬輛汽車的工廠要花多少錢？」他說自己研究過中國的經濟數據，就算一個普通中國人一輩子不吃不喝，也還是買不起一輛車。他懷疑中國是否真的有足夠的資金蓋這座工廠。

從企業經營的角度來看，這個問題完全合理。但我父親還是婉拒了，他說他不會翻譯這個問題。「您期待得到什麼答案呢？」他問這位財務專家。「如果我們的客人說：中國沒錢。那我們是不是就要結束會談？如果他回答說：有錢。那您是不是要要求財務證明？這樣的問題在此刻對我們沒有幫助，只會讓建立關係更困難。這是我們的第一次會面，我們應該先互相認識。」

我父親當時已經了解到，跟中國的合作不會是狼堡過去熟悉的商業關係。如果福斯汽車能獲得汽車組裝廠的許可，那將是中國政府的一個政治決定。福斯汽車短期內確實不會獲得巨大利潤，這點我父親也承認，但是他向財務部的同事解釋，他的經驗告訴他，談判的成功不僅取決於客觀條件，還取決於雙方是否契合。接著我父親談起他一九七七年冬天回南京探親的經歷：「是的，那是個貧窮的國家，經濟完全走到谷底。但我感覺得到，那裡有一種即將起飛的氣氛。」

會談進展順利。經過三天的相互試探，雙方簽署了一份意向書。雙方同意在上海建立一座組裝工廠，初期年產三萬輛轎車。所有零件都將從德國進口。因為當時中國的汽車零件供應產業還太原始。為了進一步規畫這個計畫，雙方將成立工作小組來處理細節。我父親簡直不敢相信。福斯汽車真的要進軍中國了！

不過到了第二年，計畫突然又面臨喊停的危險。一九八〇年十一月十九日，海外投資部門主管和品質管制總部主管請我父親草擬一封致中國機械工業部副部長饒斌的信。信中要以盡可能禮貌與友善的方式，告知福斯汽車將退出與中國的合作。

我父親感到驚訝。難道福斯汽車真的如此沒有耐心？他認為中止談判是個重大錯誤。因為他了解中國人的心態：一旦中國領導層決定要合作，這就成為最高優先事項。福斯如果拒絕合作，在中方看來，將造成一個重大的面子問題。父親擔心，如果這次談判失敗，在可預見的將來就不會有新的機會。但是這兩位部門主管以福斯汽車的成本壓力、中國人的低購買力、市場的不確定性為由，表達反對立場。他們都是剛成立的中國工作小組成員，一九七九年曾兩次訪問中華人民共和國，而且他們的單位是直接隸屬董事會。

按照我父親在集團裡的職位，他原本不該反對這兩位中國工作小組負責人的意見，因為他自己並不是工作小組的成員。如同前面所提過的，當時福斯汽車的上下層級制度非常嚴格。通常高階主管很少接受反對意見，更別說這個反對者甚至不是自己單位的人。但父親還是冒險一試。他向他們解釋，中國的面積與美國相當。中國有十億人口，是北美洲人口的三倍。他對他們做了一點計算，只要其中一小部分人對汽車有需求，這個計畫就有可行性。雖然私人用車目前只占市場的一小部分，但成長將非常快速。因為鐵路運輸受到單線鐵軌的限制，運量不足，短期內擴建既費時又昂貴。然而，我父親指出，運輸工具的需求非常大。即使在北京飯店門前——當時是中國首都唯一接待外國商務人士的飯店——

客人叫一部計程車常常都要等幾個小時。至於購買力不足的問題：中國目前的工資確實很低，但是在未來幾年，會有更多社會階層的購買力會提升。

最後，我父親指出，中國絕非一個普通的落後發展中國家。那裡的貧窮確實存在。但同時，中國的工程師即使在毛澤東時期，也曾在一些國家重點計畫中證明他們具備競爭力。十六年前，他們就在一片偏遠的沙漠中成功測試了該國第一顆原子彈。因為毛澤東的意志，甚至在戈壁沙漠邊上的偏遠村莊，或雲南的雨林中，也矗立著工業設施的煙囪。這個國家最重要的是：它的潛力還沒被開發出來。

我父親怎麼會突然間對中國市場這麼樂觀？畢竟直到不久前，他自己都很難想像，中國人有朝一日會開著汽車到處跑。在人人穿毛裝、住人民公社或睡在工作單位的大通鋪的年代，卻期待一般人會渴望機動性，似乎完全不切實際。但是在上一次到中國探訪時，我父親親眼目睹了人們對這種私人便利性的需求，在長期得不到滿足之下，變得有多麼強烈。因此他堅持認為，福斯汽車在中國建廠是可行的。這樣的實驗很大膽，但對共產主義的中國來說，卻可能帶來革命性的改變。

在我的認識中，我的父親直到今天都是如此：一旦他決定要做什麼，就絕不輕易放棄。這樣並不一定總是帶來好結果。不過這一點我們留到後面再說。

海外投資部主管和品質管制總部主管頻頻看手表，示意他發言時間已到，但我父親不受影響，繼續試著用更多論述改變他們的想法。他說，現在已經沒有人確實知道中國人私下到底擁有多少財富，中國人不習慣把錢放在銀行裡。中國的銀行既沒有活期帳戶，也沒有儲蓄帳戶。在南京，他自己的父親是把財產以黃金的型態（這些黃金是在中華人民共和國成立前購買的）藏在臥室的木地板下。而這種情況應該不是特例。即使在大躍進和文化大革命期間，黃金、外匯和其他貴重物品的黑市也一直存在。「我們絕對不能退出！」他對兩位主管說：「如果我們現在拒絕，中國的大門將永遠對我們關閉。」

我父親很清楚，這段時間福斯汽車的海外銷售狀況並不好。美國當時是福斯汽車最重要的海外市場，但美國的銷量正在衰退。金龜車已經跟不上時代。它的繼任車款高爾夫（Golf）又還沒真正站穩腳步。所以每一筆額外投資，在集團內都會被反覆檢討。我父親建議，可以把上海的生產規模再縮減一點。這樣既能減少財務投資的支出，也能減少人力投入。但至少能有個開端。而且福斯汽車也可以免於對潛在的合作夥伴做出強硬的拒絕。

這兩位主管一開始看起來很冷淡，但後來似乎愈來愈認真地聽他說話。聽到後來他們至少點過幾次頭。這些論點他們顯然覺得有道理。但是董事會已經做成決定了。這是沒有商量餘地的。如果已經做出的決議又被推翻，豈不是讓董事們太難堪。但我父親不放棄。

畢竟說到「面子問題」，他可是經驗豐富。這在跟中國人打交道時，是隨時都要注意的事。他說，一定還是有辦法勸董事會改變意向，同時不損及他們顏面。他建議再私下跟個別董事會成員談一談，讓他們再次轉向。當初在狼堡接待第一個中國代表團時，生產董事君特·哈特維希就已參與。他曾建議中方不僅要考慮商用車輛，還要考慮到中國在一定時間之後會需要轎車。所以說服他應該不難。銷售董事韋納·施密特也不會有問題，我父親向這兩位主管解釋。施密特也見過中國代表團，而且基本上對與中國合作抱持開放態度，否則他根本不會來參加他們的會談。父親明白表示，他會試著向哈特維希以及施密特說說看，此外還有主管研發部的董事費亞拉。剩下的董事就請這兩位主管負責聯繫。他們有點猜疑地看著我父親，顯然覺得他這樣強力主張太過越界。但最後他們還是同意了。「試試看沒有關係。」

我父親一開始如釋重負，但很快又掉入某種緊張不安的感覺。他是不是把話說得太滿？但是他已經承諾要去找哈特維希、施密特、費亞拉溝通，已經不能回頭。所以他當天就打電話給各位董事的秘書，請求約見，也很快就約到了時間。海外投資部主管和他的同事也完成了他們那部分的運作。我父親沒有被告知董事會和管理諮詢委員會具體是什麼時候又開了一次會，以及他們為什麼改變了想法。他只知道：在投資中國這個問題上，董事會撤回了原來的決定。這個計畫被批准了。那封災難性的拒絕信現在不用寫了，而是改成寫總裁施穆克對合作計畫非常重視，也表示同意。此外這封信也不是輕蔑地透過郵政寄給中方，而是由國際投資部主管親自到北京遞交給機械工業部副部長饒斌。我父親也得陪同前往。

這只是做個試驗，狼堡的所有參與者都清楚這一點。總裁施穆克不像他的繼任者卡爾·哈恩那樣，把與中國的合作當作頭等大事。直到許多年後，人們才明白這第一步有多重要。在中國為未來的經濟起飛剛剛設定軌道方向之初，福斯汽車就已經成功進入中國。當時饒斌也在與雷諾和寶獅談判。如果福斯汽車當時退出，法國的競爭對手就會進來填補這個空缺。但現在法國車廠要到許多年後才得以進入中國市場。他們再也沒能趕上福斯汽車的先發優勢。另一家德國汽車公司也錯過了早期進入中國的機會：直到二十五年後，北京的街道上才開始大量出現帶著梅賽德斯星星標誌的賓士汽車。

Volkswagen的中文命名

在二〇〇〇年代初期，各種品牌商品在中國早已成為數十億歐元的生意，許多家德國報紙上都有探討德國產品在中國如何命名的評論文章。這絕不是簡單的事：企業必須找出能傳達品牌名稱的含義，或者與發音相像的漢字，兩者兼顧那就更理想。有些評論者對德國企業所選用的漢字做了一些批評。漢學家特別嘲笑賓士一開始選用Benz之音譯「本斯」，聽起來像「奔死」。該公司後來把名稱改為「奔馳」，算是有好一點。

相對地，福斯汽車（Volkswagen）用「大眾汽車」則獲得一致好評，德文字volks和wagen在此得到了忠實的翻譯。對在共產主義下成長的中國人來說，這個名字聽起來很熟悉，更像是本土的而不是來自國外的品牌。再者，簡體字「大众」二字驚人地形似福斯的識別商標「VW」。

中國行銷專家一致認為，像德國《經濟週刊》所說那樣，這個「深具吸引力」的命名為福斯在中國的成功貢獻良多。德國《世界報》更指出，這樣「絕妙」的名字「省下了數百萬的廣告費」。有一個人對這些評論報導特別高興，就是我的父親。因為他正是為福斯的中國市場取了這個名字的人。

關於這個命名，我們得回到一九七九年。那時公司請我父親就中文名稱給點意見。他在公司裡沒人可以商量，因為他是當時整個集團唯一能說中文的員工。

早在一九七八年十一月第二次跟中國代表團會談時，他就想過福斯的中文名稱該怎麼取。福斯汽車當時在台灣和香港已有零星的銷售。那裡的品牌名稱叫「福斯」，主要是反映Volkswagen的發音。但是我父親不喜歡這個譯名，因為「斯」聽起來有點像「死」。因此他一開始想到的是把「福斯」略作改動，稱為「福仕」，有了完全不同的含義，就是紳士的意思。不過他又覺得這跟美國「福特」（Ford）公司太接近，也不符合福斯不想成為特定階層專屬品牌，而是要讓每個人都買得起的要求。

我父親在一本中文版《讀者文摘》（香港七〇年代出版）的一篇文章中讀到福斯金龜車的中譯名，但是這個他也不喜歡。該文作者把Volkswagen翻譯成「國民汽車」。這在中文裡有明顯的民族主義色彩。在中國，Volk正確的翻譯應該是「人民」。但是這個詞，共產黨已經用在所有你能想到的脈絡裡。幾乎所有東西前面都有個「人民」：人民政府、人民銀行、人民日報，全都冠上「人民」的字樣。如果他把Volkswagen翻成「人民汽車」，所有中國人都會以為這是「共產主義的汽車」。這當然也不是我父親想要的。他需要一個朗朗上口而且獨特，意涵優雅又沒有政治色彩，在幾十年後仍然不會過時的名字。最後他想到了「大眾」，他向中方談判團隊提出這個名稱。他們非常激賞。福斯汽車的中文名稱就這樣誕生了。

鄧小平改造中國

鄧小平在世界各國不知不覺的情況下，對中國的經濟體系進行了改造。他認為首先最重要的是振興農業。當時超過百分之八十的人口是以耕種維生。儘管如此，在七〇年代末期，農業卻是中國經濟中表現最差的部門。這凸顯了農業問題的嚴重性。因為其實所有部門都經營不善。但是在毛澤東的社會實驗下，農業受到損害又特別大。他強迫農民加入人民公社，希望他們像在一個大型工業企業裡工作那樣去耕種田地。但這完全行不通，作物的產量一落千丈。

鄧小平認為，要改革只有一個辦法，就是讓農民重新自我管理。他批准的第一波農業改革是：農民在向國家承包的土地上生產糧食，在完成承包責任後，可以把餘糧拿到市場上自由販售。共產黨中央委員會根本還沒通過鄧小平的計畫，然而光是一九八〇年五月三十一日這次宣布，就足以啟動改革了。鄧小平用這個措施激起了巨大的動力。數十萬農民很快就開始以包產到戶的方式進行耕作。農民產量立刻大幅提升。農改在短短兩次收成後就取得良好成效，這鼓勵他也對其他領域放手改革。

不過毛派還有許多人位居要職，這些人抵抗的力量非常大。儘管農業自由化的效益可說立竿見影，但是當鄧小平想在工業部門中複製自由化改革時，事情卻比他預期的更困難。

在鐵幕倒塌後，東歐的社會主義國家進行了一段激進的私有化療程。其中一個結果是，已無獲利能力的重工業大量倒閉。十年前，美國頂尖的經濟學者也向中國推薦過這種休克療法。不過鄧小平認為太過激進，便拒絕了芝加哥學派的這些建議。鄧認為中國的大型企業應該維持國有。

但是為了營造競爭環境與培養企業競爭力，鄧小平允許私人企業成立——這在共產主義國家是全新的創舉。國有企業應該把這項改革視為一種刺激，以提高自身效率，並自立自強。為此鄧小平允許國有企業保留盈餘。企業主管和黨委書記也獲得更多權限。然而這導致大型國有企業不得不逐步縮減規模，並關閉無法獲利的部門。這條路線雖然不像美國經濟學者建議的那麼激進，但還是免不了大規模裁員。然而共產主義制度也不容許失業。

根據規畫，新的工作機會應該在服務部門產生。當時中國服務業的發展程度非常低。在三〇年代以前，中國的消費和服務文化在國際上仍有一定的知名度，但是毛澤東把這些視為資產階級的一部分，對之加以打擊並予以全盤摧毀。由此造成的服務文化的低落，有時可說已經根深柢固。八〇年代初期，我跟著家人第一次去北京。有天晚上我的家人想到一家國營供應單位的餐廳用餐。那時將近晚上七點，餐廳裡沒有客人，但餐廳的營業時間到九點。服務生一看到我們，就不耐煩地抱怨：「天啊，又來一個要人服務的。」

鄧小平面臨一個兩難的局面。一方面他急於讓中國追趕進度，正如同兩位部長遠赴德國考察所體現的那樣。考慮到國家如此落後，任何現代化的腳步對他來說永遠不夠快。但是另一方面他也知道：人民厭倦了毛澤東時期的諸多社會實驗。他們渴望穩定。因此鄧小平設立了所謂的經濟特區。他不像毛澤東那樣在全國進行實驗，而是把實驗限制在特定區域內。也就是在實驗室裡先試試看的意思。這樣的理念，不只在八〇年代初期指導了與福斯的小轎車計畫的構想醞釀階段，後來更產生了巨大的影響。

深圳是鄧小平的第一個經濟特區。如今這裡矗立著一座擁有一千三百萬居民的閃亮大都會，擁有可以與矽谷競爭的科技企業。在七〇年代末期被劃為經濟特區之前，這裡只是一些漁村的聚落。珠江在這個區域的西側入海。南邊有一條狹窄的河流——深圳河，標誌著與香港的邊界。鄧小平之所以從這片沼澤地開始，真正的原因就是這條狹窄的河流，雖然這個選擇乍看之下似乎缺乏深思熟慮。這裡的農民和漁民仍過著跟一百年前同樣的生活。除了從海裡捕撈或自己種植的東西之外，大多數人幾乎什麼別的都沒有。走私者會把貨物送進香港或從香港帶來，而且有時候不只走私貨物，還偷渡人口。因為在河的另一邊，在英國統治下，經濟發展非常蓬勃。當時香港已經是國際知名的工業基地、貿易城市以及金融中心。

香港對中國大陸也有強大的吸引力。人民解放軍的收容所裡擠滿了想越境偷渡但失敗的年輕人。在這裡鄧小平也做了令人驚訝的宣示：在收容所實地視察時，當地的黨幹部向他說明邊境的情況，鄧小平卻沒有像一般預期的那樣要求加強邊境監控。他說，大規模逃亡的問題，靠更多邊防警察和士兵是不能解決的。人們偷渡到香港的原因是中華人民共和國太窮了。「中國必須修改法律，確保中國這邊的生活水準有所改善。這樣人們就不會想到對岸去了。」鄧小平認為解決問題的關鍵不在於封鎖，而是需要更多的開放。除了深圳的試點計畫，他從一九八〇年起又批准了另外三個特區。

最早湧入新特區的是香港企業，之後日本與美國的投資者也進來了，他們在這裡設立生產基地。由此產生的工作機會從全國各地吸引了數十萬年輕人前來，周邊地區的人口因此迅速成長。果真沒有人再想逃往香港了。正好相反，特區的財富呈現巨幅的成長。但是鄧小平的計畫也不是完全成功。特區才設立幾個月，當局就必須用鐵絲網和警衛哨所把特區保護起來。因為蜂擁而來的人太多了。邊境問題只是換了一個方向。但這些特區帶來的經濟成果仍然非常巨大。它們是共產主義領導的中華人民共和國為了探索資本主義市場經濟而設置的實驗場。

上海的垂直起飛是十年後的事。把中國最重要的工業大都市直接劃成一個實驗區，對國家主席鄧小平和他的同志們來說還是太冒險了。因此在經濟特區之外，先在上海促成一個本土國有企業與國際夥伴的合作事業，對他們來說也就更加重要。以這樣的方式，他們能為中國經濟積累重要的經驗。這個國際夥伴將是福斯汽車，本土國有企業則確定是上海的上汽集團。

只要牽涉到與中國的合作，董事會就會定期找我父親參與。對上汽集團來說，他甚至是主要的聯絡窗口。如果他某次談判沒有來，上汽集團的員工就會打電話問他：「李同志，您在哪裡？」他就會回答：「我只在有問題時才來幫忙。」因為他仍然負責引擎的研發。「問題可多得不得了。」他們大笑著說。

上汽集團的代表到狼堡來的時候，會議的第一個階段幾乎總是在羅騰費爾德的中餐廳共進晚餐。訪問行程的這個部分對中方非常重要——其實對福斯汽車也是。如果晚上的氣氛良好，對後續的談判就會有正面影響。如果中國客人拘謹客氣，福斯這邊就知道他們帶來的話題並不好談。

每次會談結束後，都要擬定一份會議紀錄。雖然雙方都有專業口譯員在場，但是在每次訪問中要達成兩邊都同意的總結都極其困難。我父親必須在兩個世界之間進行調解。

這對他來說也並不容易。他必須為每個字詞與上汽集團的代表斟酌很久。有時要花上好幾天。口譯員對技術細節不太了解，我父親有時也不明白共產黨術語中什麼是重要的。上海市機電工業局局長蔣濤在這方面給他提供了支援。對於許多在西方世界理所當然的技術與合約的法律用語，當時的共產主義中國並沒有與之相應且中方能理解的說法。其他詞彙，比如勞動法中定義的罷工，在中國根本不能使用。這時就需要有妥協的意願，或者要點小聰明繞過去。比如德文和英文版的合約中都使用罷工這個字，但是中文版卻得寫：在特殊情況下，工人可以不必工作。有些爭執只牽涉枝微末節。比如德方對共產黨術語不太理解，抱怨在這上面字斟句酌時，中方就會說，如果用詞不對，北京的高層就不會批准。我父親就這樣逐漸了解共產黨機關的運作方式。福斯汽車是最早敢到中華人民共和國投資的西方企業之一。雖然一九七八年最初會面時，雙方都充滿熱情，但是接下來幾年的談判都很艱難。從一九八〇年的承諾，到第一輛福斯汽車送出上海生產線，前後花了四年的時間。除了中國的物資匱乏以外，最大的問題還是中華人民共和國缺乏雙邊合作的許多基礎。福斯汽車必須先創造這些基礎。這是真正的拓荒工作。

當福斯汽車代表提到智慧財產權保護時，中方夥伴給予的回答是：我們不了解這個東西。中國沒有主管智財權的機構。這對德方來說是要緊的問題。如果沒有相應的保護，像福斯汽車這樣的企業就無法放心合作——他們會非常擔心機密與專利被偷走。我父親當場向中方建議：「為什麼不採用德國的專利法？」這可以填補重要的制度缺口，未來與西方企業的其他合作計畫也能受益。福斯汽車隨後向聯邦經濟部詢問，聯邦政府是否能在這件事上提供協助。聯邦經濟部同意這個建議，中國政府也是。結果是中國建立了一個仿照德國模式的專利局。直到今天，中國的專利法仍然跟德國的非常相似。

中國向消費開放

鄧小平的經濟改革在八〇年代初已有最初的成果，消費也隨之增加。自由化也持續進展。城市生活也開始改變了：街頭出現小吃攤和餐館，還有按摩院、美甲店，甚至開始有精品店。街景不再是過去一片單調的灰色，而是更有色彩，也更有人氣。雖然國營百貨商店的櫥窗仍舊展示著樸素的工人夾克和綠色軍褲，但是賣電視機和收音機的商店已經開始跟它們競爭。在北京街頭，可以看見穿著高跟鞋的年輕女性，以及身穿風衣的長髮年輕男子。國家統一工資是每年不到一百元人民幣（照現在標準大約年薪一百歐元），但是開始有人的收入超過這個標準。個體戶農民和小企業主紛紛掏出成捆的鈔票，為鄉下的家人購買電視機和冰箱。

不過這種新的開放政策該如何與共產主義相容？表面上，鄧小平領導的政府仍然堅持計畫經濟。然而在具體執行上，他非常有彈性。一九八〇年，義大利知名記者奧莉安娜・法拉奇對鄧小平做了一次採訪。這是他少數接受西方媒體的採訪之一。當被問到資本主義是否也有它的優點，鄧小平回答：「這要看你怎麼定義資本主義。」他在談話中強調，資本主義國家發展的一切並不是全都帶有資本主義特徵。他在訪談中強調，比如技術與科學對任何社會形態都是有益處的。當被問到某些中國公民的新財富，鄧小平回答說，他所做的帶有市場經濟特徵的改革是一個過渡階段，目的是創造可供再分配的財富。他的目標是共同富裕。在另一次場合，他對類似的問題回答說：經濟產值的上升遠遠不意味著共產主義的終結。主要生產手段仍將是國有的，也就是維持公有制。後來在美國《六十分鐘》節目的採訪中，他坦白說，他不介意「讓一部分人先富起來」。這是他的關鍵論述之一。他終於為資本主義在中國打開了大門。

一九七九年到一九八〇年的冬天，父親第一次帶我們去南京。我們要去認識祖父母和其他親戚。當時我四歲。記憶中，我和哥哥大部分時間都裹著厚重的被子坐在祖父母的床上，因為天氣實在太冷。他們家裡沒有廁所，所以我們必須使用公共廁所。那裡總是人滿為患，臭氣熏天。我感到噁心。

喝的只有略帶酸敗味的熱水，吃的主要是白菜和粗糙的米飯，跟我在狼堡中餐廳習慣吃到的完全是兩回事。整體來說，那裡的物資極其匱乏。親戚們的貧困給我留下了難以磨滅的印象。

在這次拜訪中，我也認識了眾多表兄弟姊妹：光是在南京就有十四個男孩女孩與我有血緣關係，當中還有一組三胞胎。我是所有人中年紀最小的。在這之前，我完全沒有親戚的概念。對他們來說，第一次接待來自富裕西方的親戚似乎讓他們很興奮。我父母為所有孩子準備了巧克力。他們把巧克力交給我的祖父母，讓他們重新分配，結果發現這樣做是個錯誤。因為爺爺奶奶沒有什麼東西可以送給我和哥哥，所以他們漸漸把巧克

一九七九年到一九八〇年，南京，李德輝（左）和哥哥與祖父母在一起

力都送給了我們。等父親發現時，已經什麼都不剩了。

我感受到的只是德國與中國生活水準有極大的落差，但是父親看到的與我不同；跟他兩年前來訪時比較起來，他對中華人民共和國在這期間所取得的進步印象深刻。市中心和市場上的商業活動發展得非常快速。他認為這是因為年長的中國人還記得年輕時所見的市場。這一點讓他們跟蘇聯的人們不同。在中國，對資本主義的認知實際上只中斷了一代人，計畫經濟實施的時間比東德還短。儘管如此，他注意到經過三十年的計畫經濟和物資短缺，人們養成了他童年時期不曾見過的行為方式：只要有東西就立即搶買，完全不考慮他人。這似乎成了普遍的行為準則。

父親於一九七七年底第一次訪問時，他的姊妹們想和他一起去南京市中心的孔廟。他們搭乘公車。公車還沒到站時，人們都排著隊。但是公車一旦停下，所有人就蜂擁而上，同時把周邊每個人推開。父親不習慣這種推擠。而且他穿著一件漂亮的皮大衣，他不想弄髒。他想著，我們就等下一班公車吧。但是他的姊妹們拉扯著他上了車。他們擠在公車裡時，姊妹們取笑他。其中一個姊姊說，有句俗語說：「趕不了這班車的人，下一班也上不了。」父親很快就發現，這個經驗絕非只適用於搭公車。無論在哪裡，只要有東西可買，或者需要跟許多人一起進入某處，就必須跟人推來擠去。

這種行為在老一輩的人當中至今仍可見到。特別是七十歲左右的女性，她們在公車和地鐵上表現得特別粗魯。只要一到站且有更多人要上車，車廂內將更擁擠時，你經常會感覺到有人用手肘頂著你的肋骨。「這不奇怪。」父親在聽完我描述這種經驗後這樣說。在文化大革命期間，主要就是這些女性要負責維持家庭的生計。如果她們在分發食物時不往前推擠，晚上飯桌上就沒有飯可以吃。

在七〇年代末、八〇年代初，我父親還注意到中國社會的另一個特殊之處：追求跟別人保持一致。要說是對平等的渴望也可以。一個人有的東西，另一個也想要。總感覺到自己吃虧，是一種很普遍的心態。我父

李德輝（右）和兩個表兄弟及哥哥，南京，一九七九／八〇年

親從這些觀察中得出了一些有趣的見解，這些見解後來在他在中國的工作中被證明十分有用。這些觀察不只得自於中華人民共和國的街道上與店鋪裡的日常生活，而是也來自於他自己的家庭。

當父親告知一九七九年冬天要前去拜訪，他的一個姊姊請他帶一只手表，但不是隨便哪一款，而是她在同事那裡看到的某一款。當他把手表交給這個姊姊，結果其他姊妹也都想要同樣的款式。

矛盾的是，隨著中國愈脫離貧窮，他從富裕西方帶來的伴手禮反而還得更貴。一九七七年初，如果父親帶平價商店的手表或電視機來，完全不會不合適。因為那時候在中華人民共和國，沒有人擁有這些東西。在第一次去南京之前，他曾在信中詢問父親那邊的家人有什麼願望，但沒有得到回覆。最後，他給所有姊妹和她們的丈夫買了內衣、襪子、圍巾、手套，因為南京冬天寒冷潮濕。他們特別喜歡棉襪，因為在這之前他們只有粗糙的化纖襪子，穿在身上會扎皮膚。

兩年後他第二次去南京拜訪——這次帶母親、哥哥、我一起去——而南京家人的要求已經完全不同。在我們啟程很久之前，祖父就寄來一封信，裡面列了一長串我父親應該帶去的物品。一個姊姊想要塑膠碗。從今天的角度來看這很荒謬，因為瓷器就是在中國發明的，如今中國更是各種塑膠製品的最大生產國。但是在七〇年代末期，日常生活裡既見不到瓷碗也沒有塑膠碗。人們是用鐵製的飯碗準備食物。

在毛主義盛行的數十年裡，消費品的生產已退居次要地位；瓷器的例子是一個清楚的寫照。我的一個姑姑住在江西省景德鎮，這個城市最知名的就是有上千年的瓷器製造傳統。但是在毛澤東時代，那裡生產的瓷器幾乎只用於工業用電子絕緣體的製造。此外那裡的製造廠也燒製瓷磚，但主要用來拼成帶有社會主義主題的巨型馬賽克。這些宣傳性的馬賽克只會出現在政府和黨的建築物上。瓷器已經不用於日常生活。湯匙和碗都是鐵或鋁製的。

（從左至右）李德輝、母親、哥哥坐在一輛三輪汽車上，南京，一九七九／一九八〇年

當時祖父的清單上還包括我所有姑姑要的髮夾和時髦飾品。我還記得父親覺得這件事很好笑。姑姑們當時都五十多歲了，而且在德國買到的這些給小女孩用的彩色髮夾和髮圈也都已經是「香港製造」。不過鄰居和同事有的東西，她們就也想要。

我祖父的話則一定要港幣。他有一個鄰居的姪子住在香港，而這位姪子送了他叔叔兩千港幣。那個鄰居驕傲地告訴了我祖父這件事。我父親是在發現他父親深感失望時，才意外了解到這件事。因為他沒有像鄰居的姪子也帶港幣來。雖然他固定寄錢，有時寄美元，有時寄德國馬克。他父親把這些錢存放在一個上鎖的抽屜裡，作為應急的救命錢，但那畢竟不是港幣。

電視機的情況也類似。我祖父看中了一款特定的型號。那是一台索尼（Sony）牌九吋黑白電視機。這個機型大約相當於現在一台平板電腦的尺寸，而且在歐洲已是即將停產的型號。沒有人還想要小型黑白電視機了，所有人都在買彩色電視機。

在中國，還幾乎沒有誰買得起彩色電視機。不過在一九七九年，黑白電視機已經有一點普及。日本電子公司索尼甚至把這個情況變成一種專門的生意：公司在全球回收自己生產的過時型號，然後賣到剛開始接觸電視的中國來。

父親主動表示，他可以送他另一台好上許多的電視機。但是不行，祖父一定要那一款黑白電視，因為他知道別的南京人也有這一款。這也不完全是因為固執，或者是背後那種追求跟他人一致的衝動；祖父這麼做還是有一定的理由。父親去探望一個姊姊的時候，理解了這一點。這個姊姊和她的家人在文化大革命期間被下放到農村勞動，現在仍住在那個地方。在火車上，父親看到六個年輕人把一個巨大的紙箱搬進車廂。箱子上面寫著德律風根（Telefunken）。這個德國品牌當時在中國並沒有進口。父親問了一下旁邊的人。「對，對，德國貨。」其中一個人驕傲地說。他們透過跟海關官員及其中間人的關係，從香港買到了這台電視機。他們花費了一千多塊德國馬克；在那時候，即使照德國標準也是很多錢。這筆錢是整個村子湊出來的。他們必須親自到香港邊境領取這台機器。幾天之後，父親的姊姊告訴他，這台德國電視機在整個地區都成了熱門話題。因為這台昂貴的公共設備無法使用。在那六個人把箱子打開，在村民面前把電視機開起來之後，雖然能收到畫面，卻沒有聲音。他們沒有考慮到：歐洲的電視機接收聲音訊號的頻率跟亞洲的不同。對這個村子來說，這台電視機是個巨大的失敗。所以我的祖父也想著，千萬不要做實驗。

所以父親買了祖父想要的型號——在友誼商店[14]買的，全南京只有這間店有賣這一款。結果就如同祖父所期盼的，在那之後，整個大家庭和鄰居們，每到晚上，都會坐在院子裡，著迷地盯著這個迷你螢幕看。保護膜還貼在機器上，也不打算撕下來。

兩年後，父親帶了一台螢幕更大的彩色電視機給他。但這台電視再也沒有像那台黑白電視機那樣讓祖父感到驕傲了。

這種追求一致性的消費需求，可以說是共產主義直接造成的：無止無盡的齊頭平等，加上經濟匱乏。在毛澤東時代還有統一工資。到一九六五年為止，我的祖父經營米店，每月工資五十元，祖母則沒有收入。之後他的退休金是三十五元，她有十五元，以便加起來還是五十元。基本上每個家庭的收入都一樣多，不管之前從事什麼職業，不管是還在工作或已經退休。

由於產品的選擇與數量有限，而且基本糧食還要配給，只能用糧票購買，所以如果有人拿到其他人沒有的東西，立刻就會引起注目。女人別一個髮夾，男人戴了太陽眼鏡，立刻就會引起嫉妒。在最早的經濟改革以及市場經濟的逐漸導入之後，統一工資制度就不復存在了。但是很多人仍然本能地保持謹慎，不願在人群中突出。這種心態持續了很多年。在毛澤東時代，人的獨特性被消滅了。

然而即使是在毛澤東時代，人們也總是能暗地裡獲得一些貴重物品。如同前面提過

14 編注：中國成立於一九五八年的一個國營商店品牌，早期僅限服務於外賓、外交官、政府官員，販賣舶來品和稀缺的商品，一度成為「特權階級」的象徵。九〇年代對一般民眾開放，後來不敵民營事業潮流而結束營業。

的，即使在毛澤東統治最嚴厲的時期，我的祖父也不窮。跟數億的農村中國人不同，他在南京的家庭從來沒有挨過餓。他也能存下一些財富。在共產黨上台之前，他就用積蓄購買了一些拇指大小的金塊。那些應該都是幾十克重的金塊。我父親第一次去南京探視時，祖父給他看了一個小盒子，裡面有一份貴重物品清單。他把金塊藏在臥室的地板下。祖父承認，在特別艱難的時候，他會賣掉了一些，是在黑市上賣的，然後全家就靠這些收入生活。白天，我的姑姑叔叔們、年長的表兄弟姊妹們做著國家分配給他們的工作。晚上他們都來祖父母家吃晚飯。一個當過電工的姑姑利用機會，用一些零件組了一台收音機。這台機器甚至能接收短波。晚飯後，整個大家庭常常一起坐在祖父母的臥室裡，圍著這台機器收聽節目，有時甚至能收到國外的電台。

這就是晚上的休閒活動。沒有電影院，也沒有其他娛樂。孫子們經常在祖父母家住上好幾天。因為他們知道，在那裡總是能吃飽。到了八〇年代初期，經濟開始開放，姑姑叔叔們的生活開始好轉時，我的表兄弟姊妹們去祖父母家的次數就減少了。他們逐漸也買了收音機和電視機，但總是買跟其他人完全相同的型號。

我父親對中國市場的具體策略，就是從所有這些經歷和印象中得出來的。當福斯汽車在狼堡要決定把哪些車款引進中國時，父親說：一個型號就夠了。因為汽車確實也不例外：開放後第一代的中國消費者並不喜歡多樣化。福斯汽車和上海夥伴最後選擇了桑塔納，這在德國當時已經是即將停產的車款。它很快在中國獲得了新生。中國這時候的氛圍是：少一點共產主義，多一點勇氣！下海！

鄧小平有意尋求與外國交流。他親自與西方高層政治人物、企業家、科學家會面，以推動國家進步。他讓大學對外國學生和科學家開放，以促進研究合作。矛盾的是，儘管如此，鄧小平並不與過去決裂。毛澤東的巨幅畫像，作為國家象徵，仍然懸掛在北京紫禁城著名的天安門城樓上。因此，鄧小平表面上保持了政治的連續性，但實際上他拋棄了毛澤東認為神聖的一切。世界各國的觀感則是：一個巨人正在甦醒。

一九八三年——上海街頭的第一輛福斯汽車

不過巨人有時候也有點動作遲緩。福斯汽車跟中國的夥伴企業上海汽車之間的談判一直在拖延。從一九八〇年起，我父親就定期代表福斯汽車前往北京和上海。作為最早一批進入中華人民共和國的西方商人，他自認是一位先驅者，而且熟悉當地的人文和語言。這讓他在這個崛起中的國家裡比其他人有更多活動的空間，同時這個特殊地位也讓他能直接跟黨委書記、部長乃至總理對話。

談判拖得愈久，我父親就愈緊張。一九八二年初，他在上海注意到街上的外國車輛愈來愈多，儘管中國政府當時還沒有給任何外國汽車製造商發出相應的授權。這些汽車顯然是非法進口的。為了不與國家領導階層搞壞關係，福斯汽車想繼續走官方合法途徑。但為了讓福斯汽車能先在中國的街道上有所展示，我父親建議先進行試驗性的組裝。這個提議在狼堡和北京得到了認同。

桑塔納已經確定是進入中國市場的第一款車型。福斯汽車不想投入太多資金開發新車型，而希望盡可能便宜。但是中方又不想要像高爾夫這樣款式的小型車。因為對他們來說，汽車的標準形象就是大轎

上海街上的福斯桑塔納，一九八五年

車，而不是小型車。

福斯汽車以第二代帕薩特為基礎，設計了一款配備升級的四門三廂式轎車。桑塔納透過獨特的水箱護罩、大型矩形頭燈、白色方向燈、一些鍍鉻裝飾與帕薩特區隔開來。福斯汽車為上海合作夥伴上汽提供了可組裝大約一百輛車的所有零件。中國工廠的員工將在狼堡工程師的指導下組裝這些車輛。「先試裝一下」——我父親如此提議。

突然間，果然一切都進展得非常快。在這之前對各種細節都有疑慮的中國機械工業部部長，這次很快就表示同意。「只是試運行。」我父親如此表示。試運行——這正符合改革者鄧小平所提出的方針：「摸著石頭過河。」他的意思是：試試，試試！行得通的就保留，行不通那就先不要。

一九八三年四月十一日，第一輛桑塔納在上海從生產線送出——儘管合約都還沒有簽署。

上海桑塔納一系列的生產試運行在各方都很成功。第一批在中華人民共和國生產的一百輛汽車，立刻就賣光了。然而談判仍停滯不前。

CHAPTER 6 福斯汽車拓展到中國

一九八五年搬到北京

一九八五年，我們家搬到北京了。父親為我們在一座賓館裡租了一間寓所。賓館位在一個有中式涼亭、石橋、竹林、盆栽小樹的古老庭園裡：那就是達園賓館。那並非一般意義下的住房，而是四間大型的飯店房間，並由一條長廊串連起來。

這座庭園本來是老夏宮的一部分，在中國稱為圓明園——「完美與光明的庭園」。這裡曾是大清皇帝的凡爾賽宮，於十八世紀期間建造，後來也陸續擴建。在園區北側的西洋樓甚至有洛可可風格的建築和花園，帶有噴泉、戲水池、迷宮。

這座宮殿位於北京城中心的紫禁城西北方約八公里處，曾是大清皇帝的避暑行宮。一八五六年至一八六〇年的第二次鴉片戰爭期間，咸豐皇帝將三十名英法使節囚禁於此，並施以酷刑，其中二十人遭到處決。一支英軍隊伍隨後把圓明園的大部分夷為平地，作為報復。後來清廷幾次嘗試重建圓明園，都因為資金不足而失敗。一九〇〇年，在鎮壓義和團運動的期間，國際聯軍將園區僅存的部分也徹底摧毀。在那之後，圓明園廢墟變成採石場，部分建材被用來興建北京大學；該校就建在圓明園的舊址上。

大清皇帝的圓明園

我們住的園區是昔日圓明園的一部分，園區內有好幾座賓館。這些賓館最初是用來接待高級官員和黨委書記，到了我們那個時候，則接待外國商人。因為外國人不能隨便住進北京的任何房子，而只能住在特定的飯店和住宅裡。

過去幾年來，我父親要不要、以及何時要長期前往中國的問題，一直無法決定。福斯汽車和中方夥伴都認為，在當地有個代表是很好的想法。一九八四年，福斯汽車跟上海汽車工業公司的合約終於簽訂了。上海大眾汽車有限公司（SVW）成立了，為一家與福斯汽車股份公司共有的合資企業。

中國政府把這個中國國有企業與西德企業的第一個大型合作計畫當成國家大事處理，簽約日選了一九八四年十月十日。而十月一日正是中華人民共和國建國三十五週年國慶日。對掌權者鄧小平來說，這個日期有重大的意義。在毛澤東去世和文化大革命結束八年後，他要慶祝改革政策的成果。他要向全世界表示，他的國家確實已經開放。這是中華人民共和國建國以來第一次也邀請外國人和海外華人參加國慶。毛澤東曾把他們打上階級敵人的標籤，現在他們成了受邀的貴賓。我父親也在賓客名單上。

慶典的正式高潮是上午在長安大街——意思是「永恆和平的大道」——的閱兵式。我父親仔細觀看了離他只有幾公尺遠的人民解放軍的坦克和飛彈。在他看來，許多裝備都顯得落後。美國、蘇聯、法國、英國，甚至印度和巴基斯坦的武器似乎都更為現代化。晚上的大型歌舞和煙火表演中，當主持人透過麥克風宣布天安門廣場西側有三千名來自日本的年輕朋友表演時，我父親從遠處只看到一些黑點，而且一時之間感到震撼。他現在才知道這是世界上最大的廣場，足以容納超過一百萬人。他再次親眼看到中國有多大。相較於早上那場浩大的閱兵式，晚上的表演給他留下更深刻的印象。不過這兩者當然是連在一起的，這顯示中國蘊藏了何等的潛力與力量。

在國慶節慶典結束後幾天，也就是一九八四年十月十日，時任德國聯邦總理的海爾穆·柯爾將出席在人民大會堂舉行的福斯汽車集團與上海汽車工業公司的簽約儀式。然而，理所當然地，最後一刻卻出現了爭議。跟合約內容沒有關係。內容都已經確定，合同及其相關章程等已由我父親的工作小組完成。這項工作非常費力，因為他們必須在德文、英文、中文之間進行對照。

事實上這只是一場虛驚，但是如果處理不當導致簽約儀式臨時被取消，福斯公司的聲譽一定會受到嚴重的影響，畢竟柯爾總理的行程表上已經安排了福斯簽約的儀式。

經過了解才知道，原來爭議的焦點只是上台簽字的人數。福斯遵循內部的規定，這種重要的合同一定要兩位董事簽署才有效。而中方有三個股東——上海拖汽公司，機械部屬下的中國汽車總公司和中國銀行。三家都想派代表上台簽字。但是人民大會堂禮賓部認為，台上如此多人簽字是不可能的事：當著兩國總理的面，與國家和世界電視台現場轉播的情況下，讓五位代表在台上手忙腳亂地拿著鋼筆和合同本互相交換簽字，如此既混亂又延誤時間的場景是不容許發生的。再說，簽約那天還有很多其他的項目也要在兩國總理的見證下簽字，所以時間的安排很重要。禮賓部宣布，十月九日下午四點前中德簽約雙方一定要同意只派一位代表上台簽字的決定，否則禮賓部將取消福斯的簽字儀式。

我父親偶然走進福斯在西苑飯店內的臨時辦公室。看到福斯董事長、德國駐華大使、中華人民共和國的機械部部長和經貿部部長面色凝重地坐在一起，似乎發生了什麼大事。父親立刻被他認識的福斯公關主任推出房門並告知，隔天的簽字儀式可能被迫取消。

父親得知全部經過後，再一次大膽地走進房間，語出驚人地提了一個讓在座的人覺得

上｜一九八四年，福斯汽車與上海汽車工業公司合資工廠奠基典禮，西德總理柯爾夫婦出席，上海

下｜福斯汽車和上海汽車工業公司合資工廠開幕。（由左至右）卡爾・哈恩、李鵬、柯爾站在一輛大眾桑塔納旁，前擋風玻璃上寫著「歡迎」字樣

匪夷所思的想法。

他的建議是由他直接打電話找當時的副總理李鵬，請他幫忙。現場所有的人對父親的提議吃驚不已，幾乎都認為父親瘋了。連他們自己平時都不可能隨時和副總理直接溝通，而父親一介沒沒無聞的華人，又是外國人怎麼可能直接打電話給中華人民共和國的副總理？父親向他們解釋道，禮賓部部長能做這樣的決定，一定是個權力和個性強勢的人，只有他的上司才能說服他；而他的上司就是總理和副總理。父親說他認識李鵬，不妨一試。

李鵬參觀過狼堡的福斯汽車工廠。父親曾在場陪同，並在參觀工廠時為他翻譯。福斯汽車作為東道主，想在廠內自家的測試跑道上展示他們最新車型的性能。李鵬雙眼因興奮而發亮。父親於是問他：「您想自己駕駛嗎？」李鵬回答說，他曾開過卡車，也有卡車駕照，但從未開過轎車。父親說：「我們在測試跑道上，不會出什麼問題。」然後父親轉向卡爾．哈恩說：「您要不要和他一起開？」李鵬於是坐上駕駛座，哈恩則坐在副駕駛的位置，父親坐在後座。李鵬像個小男孩一樣興奮。

這位李鵬就是日後在一九八九年鎮壓民主運動中扮演關鍵角色，並以「天安門屠夫」的名號載入史冊的那一位。

在場只有機械部部長饒斌同意這個建議，然後花了很長的時間和周折才找到副總理辦公室的電話號碼，父親得以和李鵬親自通話，解決了幾乎成為死局的問題。父親向李鵬建議，出席的五位代表在簽字儀式前先預先簽好四份一式的合約，然後在正式的簽字儀式中在台上再簽最後的一份，而後其他人原位不動，只有中間的中德兩位代表起身交換合約，握手，祝賀，面對鏡頭，照相，完成儀式。這樣的操作比傳統的兩人簽字模式——簽字，交換，再簽字，再交換——來得節省時間，也不會混亂。

從而，人民大會堂的慣例被打破了。第一次，超過兩人以上上台簽字的儀式成為可行了。而冥冥之中，我父親命運的軌跡也因此發生了不可逆轉的變化……

大部分德國人在一起時，吃完晚飯後睡覺前都喜歡喝上一杯，福斯的職員也不例外。一九八四年十月十日，簽完約的當天晚上，福斯董事長哈恩博士邀請了幾位部下一起在酒吧喝酒，也邀請了我父親。大家一起舉杯慶祝簽約的成功，談到福斯將來在中國的任重道遠，也提到中國政府在合資企業的重要以及和德國政府不同的工作方式。

我父親提出：福斯在世界其他國家的子公司都是獨資的，能夠代表母公司。但在上海的汽車廠則是個合資企業，它不能獨立代表德國福斯的立場。福斯應該在北京設立一辦事處，代表德國的福斯公司，以聯繫並開拓與北京政府各部門的關係，協助上海廠的建造與順利的發展。卡爾．哈恩問我父親的職涯規畫。「我想回到我的研究部門。」他回答。「李博士，我們在狼堡有很多優秀的工程師。但是工廠裡只有一個人同時了解中國和福斯汽車。」哈恩說，同時強調這個中國計畫對他個人而言有多麼重要。「我希望，您能再考慮一下。」

在私人生活方面，這對我父親並不是一個容易的決定。一九八二年，我母親在一場事故中去世。之後，在工作日和父親頻繁出差的期間，由一位管家照顧我們。她叫薇莉，是一位受過專業訓練的幼兒園教師，二十歲出頭。朋友與熟人也幫助我們。儘管如此，這樣的家庭狀況對所有人來說都是很大的負擔。直到我父親遇到他的第二任妻子，情況才稍微好轉。她來自台灣，在德國班貝格讀教育學和民俗學，且即將完成博士學位。我父親在一本專業期刊上讀到她的一篇文章。文章反思了海外華人常常缺乏自信以及退縮與不敢表達的行為表現。這篇文章讓我父親印象深刻。他寫信給她，他們認識了，不久後我父親就把她介紹給我和哥哥認識。

她和我父親一樣對其他文化深感興趣，也願意接受新的生活環境。她來狼堡看我們時，會給我們讀格林童話。她教我哥哥了解中式烹飪，教我彈鋼琴，讓我感染到讀書的熱情，還陪我一起練習德文課的文章寫作。對於搬到中國住幾年的想法，她表示了贊同和興趣，這讓我父親終於做出帶我們去北京的決定。一九八五年夏天他們結婚了，部分原因是，這樣可以讓她作為台灣人更容易進入中華人民共和國。兩岸政府當時仍處於敵對狀態。一九八五年台灣甚至還在實施戒嚴。作為台灣人，她將能看到其他台灣人從未見過的文化古蹟。因為我媽媽——我和哥哥這樣喊她——還要留在班貝格完成博士考試，所以最初的半年是家管薇莉跟我們一起去了北京。

到達後的最初幾天，我和哥哥對新環境感到非常興奮。夏末的北京十分暖和。晚上我們聽到蟬鳴聲如此之大，彷彿直升機在我們頭頂盤旋。牆上的壁虎在等著捕捉我從來沒見過的昆蟲。竹林裡有一條小溪潺潺流過。在德國學校認識新同學後，我們做的第一件事，就是邀請他們來我們的新家。我們舉辦了一場夜間尋寶的遊戲，遊玩時還有一個人掉進了溪裡。我們住得很開心，偶爾還會認識一些顯赫的鄰居。

在我們賓館的另一側，住著當時德國最大的軍火商梅塞施密特－伯爾科－布洛姆公司（MBB）的代表。有一天我們被禁止外出好幾個小時。我們的門外站著安全人員。原因是：巴伐利亞邦邦長施特勞斯來訪。他在國內政治上是一位堅定的反共產主義者，但在國外也跟共產黨統治者保持聯絡。除了海爾穆・施密特之外，他是最早拜訪毛澤東的西德政治家之一。一九八五年十月，他與鄧小平會面，很明顯是為了軍火交易。

在濕熱的夏天過後，秋天非常短暫，接著北京就進入灰暗寒冷的冬季。這間大型寓所的缺點突然就顯現出來。房間又大又陰暗，天花板很高，晚上我和哥哥感到害怕，最後乾脆搬去跟薇莉睡。因為天冷常常不能出門，我們就在長廊裡打羽毛球。我們第一次是赤腳打，結果腳底全變黑了。中國過去幾十年都沒有吸塵器。走廊的地毯大概也有同樣長的時間沒有打掃過了。

廚房離房間很遠。因為這畢竟是賓館，本來就不預期住客自己煮飯。雖然我父親作為福斯汽車的經理有自己的司機，但沒有廚師。所以我們晚上總要穿過二百公尺長的服務通道，才能到達一個大廚房。我們就在那裡的一張大圓桌旁邊煮飯並用餐。一九八五年的中國儘管有所進步，但仍然是一個物資匱乏的經濟體。雖然有市場和商店，但許多基本糧食仍然要配給，只能用糧票換取。就連衛生紙我們都不能隨意購買。外國人在北京最快學會的兩個中文字就是「沒有」。這給我們帶來不少問題，因為我們的行李裡只有夏天的衣服。從狼堡運來的貨櫃本來只需要六週的時間，但最後在上海港停了半年多。我急於需要一雙冬天的鞋子。於是我們一起去當時北京唯一的大型購物街王府井買鞋。當我們指著一款鞋，櫃台後的售貨員問我們，能不能穿三十四號。但我需要三十二號。「沒有。」她回答，沒有三十二號。我只好穿兩雙厚襪子。因為計畫經濟不預期有人需要三十二號。

一九八五年時，德國學校已經開辦好幾年了。它位於北京東區的一個外交官居住區內，正式隸屬於德國大使館。我當時十歲，原本以為在狼堡讀完小學後，會進入預科學校，然後上文理中學。那時我已經完成了聖餐儀式，甚至在沒有什麼猶豫的情況下，已經完成了輔祭的訓練。有一次，我也得以在彌撒中擔任輔祭。那是我在去北京之前的第一次，也是最後一次。現在我和另外七個學生一起坐在五年級的教室裡，在一個我不喜歡它的語言、也覺得骯髒落後的國家裡。但至少我喜歡德國學校。

父親的辦公室在北京飯店。當時西方的公司在中國首都裡還沒有真正的辦公室。大多數經理人都像父親一樣租飯店房間來使用。而且因為當時北京的飯店也不多，大部分人都選擇北京飯店作為辦事處。父親請飯店把床搬走，換上幾張辦公桌：他自己一張、他的秘書一張、他的司機和我母親也有一張。母親幫他處理文書來往與應付中國的官僚作業。除此之外，辦公室的設備跟普通的旅客房間沒兩樣。除了床頭櫃上有一台傳真機，這是房間裡唯一的現代化設備。

福斯汽車辦公室一開始在一五〇九號房，後來搬到頂樓的一七〇八號房。我之所以記得這麼清楚，是因為每次打電話我都必須說出房間號碼，總機才會幫我接通父親。總機小姐很快就認識我了。每次接通之前都要遇到好幾次占線。電話線路的裝置量明顯不足，既有的線路常常超載。因此對總機小姐保持友善就特別重要。每通電話都要經過她們。如果她們不喜歡某個人，就會切斷他們的通話。

友誼賓館

四個月後，我們從達園賓館搬到了海淀區的友誼賓館；海淀位於北京市西北部，距離各大學不遠。對我們來說，到市中心——父親的辦公室和我們上學的地方——的距離就縮短了。友誼賓館就坐落在著名的中共創辦的人民大學對面。直到今天，它仍是一個擁有賓館房間和公寓大樓、綠地、露天游泳池以及大型劇院的大型設施。屋頂是傳統中式的飛簷造型，外牆裝飾則採社會主義的糖果蛋糕風格。這座賓館建於一九五〇年代初期，作為中蘇友誼的象徵，最初是為了在北京長期停留並在附近大學任教的東歐顧問和科學家所設置的。在一九六九年中國與蘇聯決裂之前，社會主義兄弟國之間的人民友好交流一直備受重視。但是到了一九七〇年代，由於東歐專家逐漸減少，賓館從一九七六年開始也向西方外國人開放。在鄧小平時期的中國，意識形態的顧慮已不復存在，知識交流才是最重要的事。

一九七〇年代的某個時候，友誼賓館園區內的劇院內裝被一場火災嚴重損毀。到了一九八五年，賓館似乎仍缺乏資金修復。對我們孩子來說，這座燒毀的劇院成了一個巨大的冒險遊樂場。雖然建築物被鎖住了，但我們找到了進去的辦法。舞台、樂池、貴賓席——

一切都還在，只是被煙燻黑了，部分已經坍塌。在一間貯藏室裡，甚至還有一架古老的史坦威鋼琴。機房裡有照明設備和電影放映機，上面都有德文說明。這些設備都來自東德。

如今，友誼賓館周邊的一切完全改變了。近四十年前那些簡單的五層住宅樓、市場攤位和看似無止無盡的腳踏車停車場，如今已被一座又一座的鋼骨玻璃大廈取代。海淀地區已經成為北京的矽谷。大型科技公司都在這裡設立總部和研發中心。而友誼賓館本身的變化卻不大。綠地和舊建築看起來還是和我童年時的記憶裡一樣。劇院已經重建了，如今成為現代會議中心。百度——中國相當於Google的企業，也是世界最大的科技公司之一——曾在此舉辦會議。事後看來，友誼賓館在一九八〇年代的中後期似乎就是中國從實際運作的社會主義過渡到資本主義的縮影。這裡接待愈來愈多的外國人，一些建築已達到西方標準。而其他部分則維持著毛澤東時代遺留下來的破敗狀態。如今，賓館所在地已經是全國最昂貴的地段之一。

在我們住在北京的將近三年裡，我們常常旅行，尤其是和我母親一起。如前面提到的，她是民俗學家，對文化歷史有很高的興趣。幾乎每個假日或較長的週末，我們都會搭火車或飛機去參觀古都西安、洛陽、開封，參訪中國哲學家的發源地如曲阜，遊覽四大聖山、著名的少林寺，或沿著古絲綢之路走訪邊境地帶。我們參觀了始於塔克拉瑪干沙漠、終於渤海灣的萬里長城。透過這種方式，我看到了許多古老的寺廟、寶塔、城牆，即便它們多已破敗頹傾，但還是讓我得以了解中國漫長歷史中，不同朝代的人們是如何生活的。

如今，許多古蹟遺址都被現代的環市快速路、摩天大樓或工業設施給取代了。幾年前我再次前往洛陽，想參觀著名的白馬寺——中國第一座佛教寺廟時，我感覺到有點不對勁。我記憶中的建築群完全不是這樣。這也難怪：因為當地的觀光部門在原址上又增建了泰國式、緬甸式、印度式寺廟。現在那裡看起來就像一個佛教迪士尼樂園。

共產黨統治下的中國在當時就做得

李德輝（中）與哥哥、媽媽在南京機場，一九八六年

很徹底的一點是：有效地把真正的窮人隔離在市容之外。農村的人沒有許可就不能進城。我們的世界只由北京的德國學校以及當時規模不大的德國社群組成。那感覺起來就像一個大家庭。所有人都互相認識。我們生活在富裕外國人的泡泡中，與外界，甚至與北京當地人都很少接觸。外交官家庭住在專門為他們建造的院落裡，第一批在華經營的西方企業家庭則偏愛麗都酒店的豪華公寓，那是假日酒店連鎖飯店的一部分。在北京各大學任教和研究的外國人則和我們一樣，住在友誼賓館。大多數德國經理和外交官家庭與當地人接觸甚少。他們只認識打掃房間的「阿姨」，或是在北京街頭為我們開車的司機。有些人家裡還請了廚師。

不過，我的家庭在外國人中算是個例外。我母親在北京師範學院當民俗學和德語文學的兼任教師。我們會說中文，還和一些北京家庭有來往。不過我當時覺得他們的生活方式很陌生，也不太吸引我。他們準備的飯菜我也不喜歡。尤其是在冬季，北京家庭吃飯常常只配白菜，偶爾加上炒蛋和幾條豬肉絲。米飯的顆粒粗大，不像我在德國習慣吃的那樣潔白。只有餃子是我喜歡的。除餃子以外，我總是懷念在狼堡中餐廳的菜。

在長春的第一座汽車廠

就在我們搬到北京的那一年，福斯汽車與上汽的合資企業在上海郊區的安亭鎮開始生產轎車了。桑塔納也達成了福斯汽車對它的期許。一年後，也就是一九八六年，中國生產的轎車數量達到了一萬輛。等所有生產設備就位，年產量預計將達到三萬輛。正如我父親所預期的，這款一般民眾還買不起的轎車，一開始主要是用於計程車和公務用車。在北京和上海的街道上，桑塔納很快就隨處可見。不過有許多工作尚待完成：福斯必須建立一個供應商產業以及全國性的經銷網——更不用說生產廠房內的技術訓練以及現代管理的進修課程。而且還有一件事很快就讓福斯汽車頭痛：競爭對手。

我父親在訪問長春的時候注意到，中國政府仍然把吉林省的省會定位為汽車生產的真正中心。但是讓我們從頭講起。

一九八五年秋天，我父親收到長春工業大學三十週年校慶的邀請函。長春位於中國東北平原的中心地帶。那裡的氣候嚴峻，夏季短暫而炎熱，冬季漫長且酷寒。八〇年代時，整個地區是以老舊落後的重工業而聞名。那些工業設施建造於五〇年代，當時毛澤東還視蘇聯為朋友和夥伴，史達林也協助在中國東北建立鋼鐵廠和開採煤礦。

因為《松花江上》這首歌，我父親對中國東北這片土地有著特殊的情感。這首三〇年代的歌曲描述了因日本侵略而顛沛流離的中國難民的生活。他們渴望回到家鄉。「我的家在東北松花江上，那裡有森林煤礦，還有大豆高粱〔……〕爹娘啊，什麼時候才能歡聚一堂？」我父親年輕時在台灣經常唱這首歌，這讓他想起自己逃難的經歷，以及與故鄉數十年的分離。現在他終於要親眼看到松花江了。

抵達長春時，他看到的不是歌中所唱的高粱和大豆田，或者美麗的風景，而是一座更適合稱做簡陋棚屋的老舊機場大廈。跑道旁停著幾架韓戰時代的蘇製米格－15戰鬥機。他乘坐的班機是機場內四目望去唯一的客機。下飛機時，乘客受到解放軍儀隊的歡迎致敬。[15]我父親立刻感覺時光倒流了十年：一九七七年冬天他在北京轉機時，抵達的旅客也得到了這樣的迎接。

整體說來，長春給他的印象是時間凍結了。中國近年的經濟發展似乎繞過了東北。在前往市中心的路上，主要街道上可以看到騾子拉著板車。當然，我父親特別注意轎車。街上的車輛比起當時的北京或上海，都要稀少得多。路面的狀況非常差。沿途設有專為小貨

15 譯注：因為當時沒有一般旅客，幾乎只有高官會搭飛機。

車服務的維修廠。還有可怕的空氣！那時的中國還沒人討論霧霾。對一名工程師來說，眼前這灰褐色的霧氣毫無疑問是來自有毒的煤灰微粒。空氣中瀰漫著硫磺和燒焦的氣味。我父親簡直難以相信，中國最重要的汽車企業一汽——第一汽車工業公司——就坐落在長春。

長春的吉林大學在中國很有名，而且跟汽車工業密切相關。五〇年代初，中國領導層決定在這個地區建立國家汽車工業。新工廠需要專業人才。因此一九五五年成立了長春汽車與曳引機學院，三年後再改名為工業大學。

在正式的校慶活動結束後，主辦方讓訪客選擇參觀大學或汽車廠。我父親選擇了汽車廠。廠區之巨大令他驚訝。以一條寬闊的道路為中軸線，兩旁是數十棟外觀一致的紅磚員工宿舍。後面矗立著無數煙囪，不斷冒出黑色的煤煙。數百座廠房一個接著一個，綿延不斷。蘇聯的影響到處可見。入口處大門前的牌子上用斗大字體寫著：汽車工業的基礎。下面寫著：毛澤東。

和這個地區的幾乎所有設施一樣，中國的第一家汽車廠也是在一九五三年，在蘇聯的技術與財務支援下建立的。一汽從一開始就生產商用車輛，特別是蘇聯設計的青綠色大卡車「解放」——這個詞指社會主義革命。

毛澤東希望透過大躍進，在短短幾年內趕上西方工業國家。這也包括要生產少量的轎車。產量甚至連象徵性的都說不上。第一款車型是一汽自主研發的中型轎車「東風」。生產了僅僅三十輛後，一汽就停產了。在中華人民共和國，轎車並不是優先發展項目。

但是有一個例外：紅旗。這個名字本身就是一種宣示。這是一款大型豪華轎車，是毛澤東的心願，毛希望能在共產黨的大會上開著國產車出場。第一款車型的設計是結合了美式公路巨獸和俄式國賓轎車的混合體，跟通用汽車的雪佛蘭有明顯的類似之處。有傳言說，一汽的技術人員在一九五五年左右在吉林大學拆解了一輛雪佛蘭，並對零件進行複製。不過有個關鍵的不同之處：比起雪佛蘭，紅旗的後座還配備了痰盂。

在簡報中，廠長提到一汽計畫很快就要再度生產轎車。雖然我父親與中國領導層有聯繫，也努力掌握最新決策，但是這個計畫他之前完全沒聽說過。廠長誇耀一汽的優勢：包括所有供應商在內，一汽共有超過三十萬名員工，廠區面積二百九十六萬平方公尺，有充足的電力和供水設施，許多條完善的聯外道路。然後他提到一個數字：一汽計畫每年生產三十萬輛轎車。這讓我父親心中警鈴大作。這是福斯汽車在上海合資工廠計畫產量的十倍。長春在毛澤東時代就是中國汽車的生產中心。這在鄧小平的領導下顯然也要繼續保持——即便有所改革，鄧小平也追求延續性。福斯汽車在上海的合作夥伴上汽雖然規模不小，但只是省級企業。相比之下，一汽直屬北京政府。在中國，這意味著一汽的地位完全不同。

或許北方的黨幹部們擔心，如果不推出新車型，就會跟不上發展。畢竟，改革開放政策已經實施八年，特別是沿海地區的生活水準明顯提高了。專注於卡車生產顯得是過時的策略。如果這些推測獲得證實，那麼對福斯汽車來說將是個壞消息：如果一汽在中國這個還相當小的汽車市場上，一下子就透過最高的國家補助生產三十萬輛轎車，那麼福斯汽車在上海每年產量只有三萬輛的計畫就可以打包收攤了。雖然福斯汽車也打算逐步提高產能，但這需要政府的額外批准。

在返回北京的航班上，我父親思考著福斯汽車與一汽合作的可能性。桑塔納是一款相對較大的中型轎車。中國在中期內是否也需要像高爾夫這樣較為緊湊的車型？特別是考慮到長春計畫的高產量。當時世界上能跟高爾夫競爭的車型並不多。但如果福斯汽車也對長春表示合作興趣，各方會怎麼看呢？由於一汽是政府企業，他必須直接在北京尋求支持。這可不是一個容易的任務。或者還有別的路可走？跟上海不同的是，一汽周邊有超過一百家供應商，似乎也有具備至少是基本汽車技術知識的人力。當時福斯汽車必須從德國進口所有零件，才能在上海安亭的工廠組裝桑塔納。也許未來可以從長春採購一些零件？這可能是踏出第一步的一個辦法。

回到北京後，我父親立刻著手聯繫一汽的高層。幾天後，他在首都與一汽的一位高級主管韓玉麟廠長會面。他們很快就進入話題，但是韓對於我父親提到一汽為福斯汽車供應零件，或在長春生產福斯汽車車型，反應很冷淡。韓玉麟起先說，一汽未來也要生產轎車的計畫還很新，他需要向上請示。最後他明白表示，他其實正要前往歐洲。一汽在那裡已經有合作夥伴了。福斯汽車來得太晚了。

幾週後的一個晚上，有四位先生出現在友誼賓館的接待處。父親認出其中有韓玉麟，和另一位一汽廠長陸孝寬；父親曾在底特律的一次會議上認識他。當時在中國，邀請外人到家裡是不尋常的。一般人的住處都太小，不夠體面。人們通常在餐館或飯店見面。儘管如此，我父親還是立刻請他們進來。他們沒有多餘的客套寒暄。「一汽可以生產奧迪（Audi）嗎？」陸孝寬開門見山地問。這個轉折完全在我父親的意料之外。

當時奧迪的生產規模比福斯汽車小得多。這家總部設在英格爾施塔特的子公司在八〇年代似乎已經開始走下坡。福斯汽車希望透過奧迪100這款車把這個品牌定位在豪華車市場，以跟BMW和賓士分庭抗禮。今天這種定位看起來理所當然，但是當時這被認為是管理階層的一個雄心勃勃的計畫。奧迪在德國本土市場無法跟這兩個競爭對手對抗。但在中國或許會完全不同。當然有可能，我父親回答，儘管他還沒有跟英格爾施塔特或狼堡的任何人討論過這件事。

一九八七年二月十二日，我父親在參觀一汽長春工廠時，得到一汽黨委書記、也就是這家國企最高領導人耿昭杰主任的接見。從他那裡，父親得知一汽計畫把紅旗轎車的生產提升到最新的技術水準。奧迪公司可以為這款國賓轎車的開發做出重要貢獻。耿昭杰問，有沒有可能把奧迪100引進長春？

我父親對這個提議很高興，但不想在耿面前表現出來。他答應向狼堡的福斯汽車董事會詢問。同時他指出：光生產奧迪100是不夠的。這款轎車是定位在高價市場。一汽永遠不可能在國內賣出三十萬輛。這款車太大也太貴了。因此他建議耿主任把高爾夫納入一汽的產品組合中——可以說是一籃子計畫。但是耿對高爾夫興趣不大。他覺得這輛車太小了。在中國，如果要造車，就得是大車。這就是中國的邏輯。

我父親迫不及待想要向他的福斯汽車同事報告與耿昭杰的談話。回到首都後，他打電話給馬丁．波斯特與漢斯－約阿希姆．保爾。波斯特是上海廠的副總經理；保爾則是上海廠的生產主管。我父親建議他們去長春，親自了解一下這一筆可能成功的大交易。於是保爾跟我父親飛往長春。保爾很喜歡這個計畫，波斯特則不認同；他反對擴大福斯汽車在中國的業務。在狼堡，負責海外業務的主管海因茨．鮑爾持類似的觀點，也拒絕了我父親。他們說，上海每年三萬輛的產量已經夠麻煩了，不可能讓福斯汽車再扛一個三十萬輛的新壓力。

這時我父親得知一汽同時也跟美國克萊斯勒（Chrysler）展開談判。一汽計畫生產在美國已經停產的道奇600（Dodge 600）。這對福斯汽車來說是個壞消息：如果這項計畫實現，比起一汽生產自主品牌，這對桑塔納的打擊會更大。因為桑塔納和道奇600在技術上很相似。不過道奇的後座空間還要更大。後座空間太小是中國客戶對桑塔納最大的批評，許多人都覺得跟前座的距離太近，上下車不方便。幾乎所有潛在買家都是高級官員和黨的幹部。他們不自己開車，而是配有司機，所以都坐在後座。

克萊斯勒還可以利用長春一汽的供應商體系，售價一定比桑塔納低。我父親在狼堡提出了所有這些論點，並主張：如果德國和歐洲的供應商看到福斯汽車在中國不是只生產三萬輛，而是三十萬輛汽車，這個新市場很快就會對他們有吸引力。但這些話沒有起作用。他的上司們拒絕了這個提議。

一九八七年七月中旬，瓦爾特・萊斯勒・基普來到北京。作為下薩克森州前財政部長，他也是福斯汽車的監事會成員。他就是在這個職位上在一九八四年大力促成了福斯汽車與上汽合資工廠的成立。萊斯勒・基普對中國非常著迷。在飯店共進早餐時，他對我父親說：「李博士，您看起來臉色不好。您身體不舒服嗎？」我父親本來沒打算講，但是因為萊斯勒・基普想詳細了解福斯汽車在中國的狀況，他就告訴他跟一汽的接觸經過以及狼堡的冷漠態度。萊斯勒・基普很訝異。這些事情他完全不知情。他當天就給總裁卡爾・哈恩發了傳真，請他多關注中國業務。

突然間一切都進展得非常快。哈恩給一汽主管耿昭杰寫了一封信，請他邀請一個奧迪和福斯汽車的代表團訪問長春。九月十七日，奧迪生產董事赫爾曼・施蒂比格在我父親的陪同下抵達長春。在參觀後，施蒂比格認為奧迪100在那裡有可行性。但這次是耿昭杰踩了煞車。一汽已經從克萊斯勒購買了一條四缸引擎的生產線，並且正在洽談購買整條道奇600的生產線。也就是說：克萊斯勒想賣給一汽一個完整的工廠，而且還允許一汽將這款引擎用在一汽的小型卡車上。北京政府已經批准了。已經不可能更動了。一汽不再需要奧迪100，耿昭杰說。他表現出很遺憾的樣子。

儘管有這些明確的決定，我父親還是不想放棄。從他在引擎研發的工作經驗中，他知道克萊斯勒在七〇年代末從福斯汽車購買了一款一・八升引擎的使用授權，並把它裝在他們的西姆卡地平線（Simca Horizon）上。這款車型在八〇年代初還在生產。克萊斯勒成功地把這款引擎擴大到二・二升。我父親認為一汽很可能就是買了這款引擎的生產線。也就是說，這是一款改變過的福斯汽車引擎。如果是這樣，福斯汽車要把這款引擎裝在奧迪

100上也很容易。耿主任立刻派人去查證這個猜測——結果我父親猜對了。施蒂比格向耿昭杰建議，把其中一台克萊斯勒引擎送到英格爾施塔特來。他會試著讓人把它裝在奧迪100上。奧迪的工程師後來幾乎一次就改裝成功了。雖然克萊斯勒的引擎比奧迪原裝引擎高一點，引擎蓋需要調整。但這非常容易解決。

十月二十日，又有一個福斯汽車的代表團前往長春。這次福斯汽車總裁卡爾·哈恩也在其中。他想向一汽提出具體建議。首先，一汽的領導層準備了一頓豐盛的晚宴，有當地的山珍海味。有一道菜叫飛龍鳥[16]，還有長白山的鹿肉，松花江的三花魚，東海的海參與大蝦。菜單上的主角是熊掌。耿昭杰強調，一汽的大廚在庫房保存了兩隻左熊掌，以備特殊場合使用。左掌是特別可口的，因為熊總是舔左掌，所以肉質更嫩。德國的客人從來沒聽說過這些菜，有些人甚至不敢嘗。但是我父親清楚這些美食代表著對德國代表團的敬意，所以他認真品嘗以表示感謝。

飯後進行了數小時的談判，最後哈恩和施蒂比格同意在與一汽合作時使用克萊斯勒引擎。此外，他們同意一汽的提議在長春生產奧迪100，包括授權一汽將來可使用自己的

16 譯注：花尾榛雞，目前為中國二級保護野生動物。

品牌生產和銷售奧迪100，這是過渡期。過渡期五年結束後，一汽將獲得授權，可以用紅旗品牌來生產和銷售奧迪100。在一汽自行生產之前，所有需要的零件都將從英格爾施塔特和狼堡供應。以這樣的方式，一汽可以快速推出一款技術先進的高級轎車，作為新的國賓車。另外他們也討論了我父親的提議：福斯與一汽合資生產高爾夫。

耿廠長半開玩笑地說，一汽不會允許像福斯汽車與上海上汽的談判那樣，花了六年時間才走到簽約。哈恩承諾在五個月內簽署所有奧迪100的合約。在談判期間，耿昭杰曾一度離開會議室。後來德方參與者得知，他是打電話給一汽在美國的代表團，要他們中止跟克萊斯勒的談判。參訪第二天，他們考察了卡車工廠以及一汽新購置的土地。我父親由此了解到，一汽追求的計畫規模非常大。這裡將成為世界最大的卡車廠。相較之下，剛剛達成的轎車協議只是小菜一碟。但這仍然是一個突破。福斯汽車代表團非常高興地返回北京。

德國工業巨擘在上海的功課

在代表團的行程表上，還有一項是拜訪國家經濟委員會及其主席朱鎔基。這些委員會嚴格來說是中共領導層的黨務機構，是國家的權力中心，實際上凌駕於各部會之上。不過朱鎔基不久後就要轉任上海市市長了。所以福斯汽車的代表們沒有把這次跟他的會談看得太重要。當時還沒有人能料到，朱鎔基日後會成為國務院總理。

「我知道你們剛從長春回來。」德國來賓一進入會議室，他就開門見山地說。他不滿地指責他們，到現在都還不能在當地——也就是在上海——生產百分之六十五的零件。他說福斯的人老是拿品質當借口，這會阻擋當地供應鏈系統的發展。中國的外匯有限，在中國生產的零件愈多，所需的外匯就愈少。如果不能盡快建立起當地的供應商產業，那福斯的人可以先打包回家了。他直接對哈恩大聲斥責：福斯應該先把承諾的工作做好，再去插手其他地方！

我父親試著緩頰，說這趟長春的行程是他的責任。他們原本計畫要參觀更多中國的汽車工廠。但是因為訂不到火車票，他不得不縮短這趟參訪行程。這趟旅程的目的是要讓福斯的總裁對中國的汽車工業有個概觀了解。其中也包括為福斯在中國建立供應商系統。這倒不是謊言。

但是朱鎔基早已看穿了整件事：「我知道你們真正的打算是什麼。你們想要打敗競爭對手。你們對上海已經沒有信心了嗎？」他很不高興地丟下一句：「祝你們好運！」就離開了。

我父親，也就是提出一汽這個點子並推動的人，感覺自己像是被打了一巴掌。他的臉漲得通紅。卡爾．哈恩離開北京時沒有留下任何指示，而耿廠長在隨後的一通電話中簡短地告訴我父親，一汽代表團原定的德國之行已經取消了。

我父親看錯了局勢。中國政府是刻意要引進多家大型汽車製造商進入中國的。他們想要製造一定程度的競爭。與通用汽車的談判已經展開，跟雪鐵龍的也是如此。賓士和ＢＭＷ當時對中國還沒有太大興趣。ＢＭＷ直到二〇〇三年才在瀋陽設立生產基地，賓士則是在二〇〇五年。由於福斯除了與上汽合作外，還想跟一汽來往，朱鎔基覺得福斯是在破壞他的策略。我父親為自己沒有想到這一點而懊惱。他跟第二個合資夥伴做生意的想法不僅失敗了，反而還傷害了公司的利益。

這正是我父親回顧過去幾年工作成果的時刻。自從一九七八年在狼堡第一次跟農工機械部部長楊鏗會面以來，他參與了無數次談判，艱難地在德中雙方之間斡旋，在關鍵時刻也曾挺身而出，多次冒著危及自己聲譽的風險。他在中國的主要任務之一，就是要解決上海工廠缺乏供應商的大問題。他採取了雙軌並進的策略：一方面試著尋找當地供應商。這是個永無止境的工作。畢竟福斯必須注意品管，不僅要找到合適的企業，還要對專業人員進行相應的訓練。另一方面，他跟德國供應商談判，說服他們到上海來生產。但是對許多供應商來說，每年只有三萬輛的產量實在太小了。儘管如此，他還是成功說服了幾十家德國企業到中國來。其中包括引擎零件製造商科爾本施密特（Kolbenschmidt）這樣的大企業，其母公司萊茵金屬（Rheinmetall）如今已是全球最大的汽車零件供應商之一。或者化工巨擘巴斯夫（BASF）：為了在上海組裝桑塔納，福斯需要高品質的漆，那是中國沒有的。從德國進口很困難，因為漆只能在特定溫度下運輸。儘管如此，上海高橋－巴斯夫分散體有限公司（Shanghai Gaoqiao-BASF Dispersions Corporation）還是在一九八八年開始營運。如今巴斯夫是在中國最大的德國投資者之一，而中國則遠遠領先地成為巴斯夫最重要的銷售市場。這些企業，其中還包括博世（Bosch），都是跟著福斯過來的。在中國北方建立第二個規模更大的工廠，本來可以強化我父親的談判立場，以吸引更多德國供應商到中國來。他決定再次去見朱鎔基。

和上次一樣，朱鎔基講話開門見山。「我接見你，只是因為你上次會面時的表現。」他對我父親說。「通常在外國企業工作的中國人都站在老闆後面，如果不被問到，就不敢說話。你不只站到你老闆前面，還把責任扛起來。」這讓他印象深刻。朱鎔基花了很多時間進行這次談話，我父親也成功地向他詳細解釋，為什麼福斯如此重視跟一汽的合作，他看到了什麼潛力，以及這對建立朱鎔基本人認為很重要的供應商產業有什麼意義。這跟上汽會產生許多綜合效益。此外，奧迪100相較於克萊斯勒的道奇600的優勢顯而易見：道奇600是一輛中型車，與紅旗轎車的地位不符。而福斯在上海在可預見的未來也無法在一個工廠裡生產奧迪100和桑塔納這兩種差異如此之大的車型。「從長遠來看，中國不應該只在中型車市場占有一席之地，還應該要有一款高級車。借助奧迪的力量，這是可能的。」就是這句話讓朱鎔基開了綠燈：「我沒說福斯不能和一汽合作。我那天說的是：祝你們好運！」

牛仔褲、雀巢即溶咖啡、手提音響——一九八八年欣欣向榮的北京

北京在一九八五年至一九八八年之間的經濟和社會有巨大的變遷。幾乎每天都有新商店和辦公室開幕。貨架上擺滿了商品，人們的穿著更為時尚且充滿個性，糧票停止使用，汽車交通也增加了。街道上愈來愈熱鬧。

一九八五年我們搬進友誼賓館時，其中一條小街上只有幾個小吃攤。白天主要是老年人坐在折疊椅上聊天。到了一九八八年，傍晚時分，成群結隊的年輕人蓬頭散髮，穿著牛仔夾克，啜飲著雀巢即溶咖啡——這是當時最新的西方流行——抽著萬寶路，同時手提音響播放著北京搖滾明星崔健的《一無所有》。他們大多是來自附近大學的學生。

這三年間，在中國首都的德國人社群也大幅成長。德國學校的學生人數從四十人增加

到八十多人。而且主要學生群體不再是使館成員的孩子，而是西門子、漢莎航空等公司員工的子女。德國《明鏡週刊》早在一九八四年十月就以「中國的資本主義」為題，報導了這片幾乎無限可能的土地。在隨後幾年，中國在西德商界成為熱門話題。愈來愈多的德國企業派遣代表到這個共產主義國家。他們要探索在中國有什麼商機。而且許多人都大有斬獲。當時在朝陽區，在北京東北部靠近機場的地方，有一家麗都酒店住了特別多的德國人。那裡甚至開了一家德國肉鋪。

一九八七年十一月，肯德基在前門——天安門廣場南端的正陽門——開了

一九八六年一次旅行期間，李文波一家的福斯小巴士行駛在北京以北的道路上，背景是長城

一家分店，這是中國第一家美式速食餐廳，引起了很大的轟動。我們這些孩子們都很興奮。我父親提供了我家的福斯小巴士，請司機在午休時間載我全班同學前往。

一份炸雞腿、馬鈴薯泥、高麗菜沙拉的套餐，要價相當於一位北京雇員的平均週薪。儘管如此，人們仍然大排長龍。一年半後，在一九八九年的抗議活動中，這家分店成為民主運動人士的重要集會地點。

我母親很喜歡在北京的生活。教書一直是她的願望。在北京，她得到了教書的機會。她在北京大學和北京師範大學講授德國文學和德國民俗學。在中國，一切跟德國相關的事物都非常受歡迎。她與北京的學界建立關係，感受到各主要大學的校園氣氛相當開放；這些大學至今都在北京城市的西北方。鄧小平開放政策的影響在這裡也十分顯著：人們渴望國際交流。到處是一種即將起飛的氣氛。

然而，我母親也贊成返回德國。「飯店不是孩子遊玩的地方。」有一次我們在一間新開幕的高級飯店的餐廳裡參加兒童生日派對，回來之後她這麼說。她和我父親原本只計畫在北京待兩年。因為與一汽在長春的談判，我們多待了半年。一九八八年年底，我們回到了狼堡。當時我們誰都沒有料想到，這個經濟成長、社會繁榮的國家會在一年後以難以想像的殘酷方式，在政治上封閉起來。

CHAPTER 7 天安門

回到狼堡

在過去三年裡，北京幾乎每個月都會多一棟新的辦公大樓或一家新飯店。狼堡則看起來一切都跟過去一樣。當我們在一九八八年初返回時，德國給我的感覺是毫無動靜。儘管當時的中國跟西歐比起來仍然貧窮落後，但北京是一個十億人口大國的首都，正在以飛快的速度改變。

我為能回到狼堡感到高興，但同時對狼堡也多了一份陌生感。我大多數同學從未見過除了富裕與安定以外的其他景象。而我剛剛認識了一個完全不同的世界：那裡物資匱乏、人們沒有社會福利保障、社會和政治生活受諸多限制——但有快速的變遷、發展與起飛的氣象。雖然我在北京時基本上錯過了一九八六年車諾比事件的報導及其後續抗議活動，但我已經對社會變革產生了一種意識。中國讓我看到人們可以多麼貧窮、多麼受限和無助。

但它也讓我對改變的可能性感到樂觀。

像很多人那樣，我當時也拿中國跟東德與蘇聯做比較。在一九八九年之前，中國在我們眼裡是表現更好的。鄧小平的開放政策某種程度上已經走在戈巴契夫的「改革」（Perestroika）的前面。空氣中也瀰漫著一點「開放政策」的味道，也就是言論管制的放寬。我不是唯一一個把可口可樂和麥當勞這些資本主義符號跟民主化連結在一起的人。健全的經濟完全可以跟專制政府並行不悖，這一點我們現在對中國已經習以為常，但在當時是不可想像的。當時主流的想法是：高經濟成長率和美式炸雞必定是朝西方式民主發展的跡象。我甚至曾經相信北京會愈來愈像香港、東京或漢諾威。事後觀之，光看城市的表面外觀，我這個想法也並沒有錯。只是走到這一步的路徑既不簡單與直接，物質條件的成長也不必然連結到更多的法治精神。

奧迪成為國賓轎車

原本我父親計畫回到研發部門工作。不過手握權力的朱鎔基信守承諾，福斯跟一汽在中國多霧又寒冷的北方的合資談判又重新展開了。福斯總裁卡爾・哈恩把即將與長春工廠的合作視為首要任務。他在國際投資部內專門設立了中國部，並任命我父親為部門主管。

之前為了繼續與擴大中國業務他必須努力說服的那些同事，現在他跟他們平起平坐了。然而那些人仍然對他維持著保留的態度。

一個關鍵的障礙是缺乏奧迪董事會的支持。赫爾曼・施蒂比格是奧迪生產董事，也是董事會中唯一支持一汽合作計畫的人。董事會其他成員全都對這個計畫抱持懷疑的態度。他們當中沒有人去過中國，有些人甚至從未聽說過一汽這個名字，也無法評估毛澤東著名的紅旗品牌的重要性。看起來他們不太可能同意轉讓奧迪100的技術和生產權，這是哈恩和施蒂比格於一九八七年十月二十日在長春跟一汽代表所達成的協議。此外，協議還把與一汽的合作期間定為五年。在這段時間後，一汽將把奧迪100更名為紅旗，對車輛進行外觀改造，然後自行繼續生產。

這個提議乍看之下，對奧迪並沒有吸引力。但在八〇年代，這家福斯子公司在國內市場表現並不好。因此我父親認為這個提議很值得考慮。引擎性能、技術和內裝無論如何都會繼續發展；五年後，英戈爾施塔特的奧迪總部對現在的奧迪100的技術就不會再感興趣了。此外一汽是中國最重要汽車製造廠，這個戰略意義讓這項目更值得支持。因此，我父親在一次董事會會議上介紹了這種合作會給奧迪和整個福斯集團帶來怎樣的機會。中國至少在未來五年內仍將是一個基本上封閉的汽車市場。奧迪100將是這段時間內在中國生產的唯一豪華車款。這將帶來進一步的合作可能性，尤其是為其他德國公司在中國擴大配件供應業務提供更多機會。

父親還指出他前幾年在北京觀察到的品牌效應。隨著中國重要性的提升，來自世界各地的國是訪問也愈來愈多。到目前為止，幾乎每次迎接車隊都是由進口的ＢＭＷ開路，後面跟著賓士轎車，然後是日本汽車，桑塔納則在車隊的最後面。透過與一汽的合作，中國政府有可能用奧迪和福斯汽車取代他們整個車隊。「如果每位國家元首和企業老闆訪問中國時，一下飛機就有『奧迪１００』接送，這將大大提升奧迪的品牌價值。」我父親解釋道。「奧迪還能在哪裡找到這麼好的廣告效應？」靠著這個願景，他成功地說服了奧迪董事會在中國成立第二家合資企業。不過，中國後來在一九八九年發生的政治事件，讓福斯汽車在中國的所有投資都遭到嚴重的質疑。

通貨膨脹、腐敗、監控

在天安門廣場抗議活動發生的一年前，我父親就已經在中國觀察到一些跡象，顯示民眾的不滿日漸升高。幾乎所有人都只想要一件事：快速賺錢。「下海」是他們的口號：也就是跳進民營經濟的水裡。因為大家都知道，街上賣小吃的攤販比大學的學者或甚至負有重大責任的官員都賺得更多。因為他們都領統一工資。許多人不再滿足於在政府或國有企業找穩定工作，而是自己創業。其他人則保留他們在國家機關的工作，但仍然做某些生意。這些往往是貪污的行為。但因為幾乎每個人都這麼做，所以漸漸也就不再有什麼見不得人的地方。正好相反：不參加的人會被認為是傻瓜。

就官方而言，中國仍然是計畫經濟。生產有配額的限制，福斯汽車也不例外。福斯汽車在上海合資工廠的生產數量不是根據需求，而是根據政府事先規定的數量。銷售則由中方的合作夥伴上汽公司負責。具體來說，上汽從合資企業買下所有汽車並轉售，或者更確切地說，是把汽車分配出去。購買者主要是官員、黨委書記和政府部門的勤務單位，還有計程車公司。適應這種規定對福斯汽車並不困難。德方只負責生產，並確保品質合格。福斯汽車不承擔銷售的風險。大多數中國人反正還買不起自己的車。至少在狼堡是這麼認為的，因為在相對短期內，一些私人的確已經有錢買車了，但是無法透過正式的管道購買。只有有關係的人才能買到這些搶手的車子。

在這段期間裡，我父親收到很多詢問，問他能不能弄到一輛桑塔納。他總是建議他們洽詢福斯的合作夥伴上汽。有一次他又去中國出差時，一位來自中國南方，曾在招待會上跟他交換過名片的高階黨委書記來拜訪他。他請求我父親寫一封推薦信給上汽，讓他們給他一輛桑塔納作為公務用車。我父親沒有多想，反正決定權也不在他。於是他為這位黨委書記寫了他想要的信。兩個月後，他遇到上汽的銷售主管，那位主管便向我父親道歉，說他只能給他的朋友提供十輛桑塔納，而不是一百輛。一百輛太引起注意了。「一百輛?!」我父親震驚地問道。

然後他得知，這位黨幹部在推薦信裡的「一」字後面加上了一個「百」字。上汽的銷售主管一定會想，現在李博士也加入非法交易了。他查了一下這件事，發現這位黨幹部用十倍的價格轉售了其中九輛桑塔納，給自己留了一輛。透過我父親一封信，他就賺了超過一百萬人民幣。這是一筆很大的錢，不只以中國標準而言。

這種快速賺錢的辦法絕非只有汽車產業才有。即使在食品市場上也有愈來愈多的非法交易。比如雞蛋。它們本來是定量配給的，只能用蛋本購買。每個家庭都必須保管一本所謂的雞蛋簿，裡面要清楚記錄當月已經買了多少雞蛋。但是想要更多蛋的人，可以透過某些關係來獲得額外的蛋本。當然是要付錢的。對於負責發蛋本的官員來說，這可是一筆可觀的額外收入。

有一部分的人用這種或類似的方式中飽私囊。用百分比來看可能不太顯著。但是用絕對數字來看，人數仍然很多。而且因為首都住著特別多的官員和黨幹部並在此工作，這種腐敗在北京也就特別普遍。由於從事這種非法交易的人數眾多，這導致了城市普遍的物價上漲。這對大學的學生，以及那些沒有關係管道或者原則上拒絕這些門道的學界人士，影響特別大。這些人的相對購買力快速下降，許多人都認為這不公平。

在八〇年代的中國，日常生活已不再是社會主義的了，但也不是真正的自由市場經濟。這個國家正處於一個過渡階段，少數人利用了這個階段謀取財富。中國領導層知道這一點，甚至採放任的態度；一些高層幹部自己也中飽私囊。鄧小平對此的回應是：「讓一部分人先富起來！」所以他是有意識地接受了貧富差距的擴大。

一九八九年三月，我父親到北京出差，遇到了一位在體育學院工作的熟人。這個人對他描述，學生們有多麼不滿。物價不斷上漲、腐敗四處橫行、承諾的改革遲遲沒有實現。他還談到校園裡的激烈討論。我父親很快發現，不滿的情緒絕不僅限於年輕人。那些日子裡，他不管問到誰，誰都在抱怨。愈來愈多人開始質疑國家領導層的正直誠信。

那時福斯汽車的辦公室還在北京飯店。有一次與一位黨高幹的成年兒子會面時，我父親建議在飯店一樓的餐廳。但是這位年輕人說這個地點不行。他們改為去外面散步。他說北京飯店裡到處都是特務。後來我父親得知，整個七樓都是情報單位在使用。他們的任務是監視外國公司的代表。我父親認為，這些都是社會已經出問題的明顯跡象。所以當一九八九年春天發生抗議活動時，他並不感到意外。但是抗議的規模的確讓他意外。他沒有料到天安門廣場上會聚集這麼多人。他也沒有預料到，他作為外商在中國業務的中間人新角色，也受到天安門悲劇震波的重大衝擊。

一九八九年六月四日——事前政局與後續影響

一九八九年時，我十四歲。整個東歐陣營都在騷動。大部分資訊我是從電視上得知的。新聞的焦點從四月起開始轉移到中國，特別是北京市中心的天安門廣場上。

鄧小平在政府內部最強力的對手之一是陳雲。他當時已經八十三歲，和鄧小平一樣都是中華人民共和國第一代領導班子的元老。陳雲在五〇年代以經濟專家的身分嶄露頭角，也因此跟鄧小平一樣被毛澤東冷落。到了一九七八年改革開放時期，陳雲再度扮演重要角色。鄧小平仰賴他在經濟問題上的專業能力。因此陳雲被視為經濟起飛的真正設計師。

但是從八〇年代中期起，陳雲與鄧小平之間開始有分歧。陳雲背後有一批保守的領導幹部，他們認為改革開放和對西方開放的進展太快。其中一位是當時的總理李鵬。他比陳雲年輕得多。由於鄧小平給所有政府職位設定了六十五歲的年齡上限，所以李鵬就成為代表這些老人、尤其是陳雲來執行政策的馬前卒。

在中國領導層中，即使是共產主義理想的支持者，也沒有人想要回到毛澤東時代。但是大城市中食品價格飆漲、人口外移、貪腐以及貧富差距擴大等社會問題，讓黨內所有派系都感到憂心。以陳雲為首的派系把所有這些問題都歸咎於開放的速度太快。他們認為過度的資本主義是原因，而且把責任推到鄧小平身上。

陳雲有個花俏的說法，他說如果要欣賞鳥兒，就必須把牠關在籠子裡，牠才不會飛走。他說的鳥兒，指的就是資本主義。陳雲用這個「鳥籠理論」對失控的發展提出警告。同樣地，要利用市場經濟的優點，就必須把它嚴格地置於國家的控制之下。鄧小平把經濟成長視為政策的主要目標，陳雲則反對隨之而來的中國西化。

陳雲等人面對的是胡耀邦等改革派。雖然胡耀邦七十三歲，也屬於老一輩，但是他的想法比陳雲年輕。他在年輕人之間很受歡迎。其他人還穿著毛裝時，他已經穿起西裝了。他的談話透露出敏銳的思維，有時甚至包含黨領導層當中罕見的機智和諷刺。作為毛澤東之後的共產黨中央委員會主席，是胡耀邦廢除了主席這個頭銜，改由總書記的職稱取代。雖然之後仍然是總書記掌握大權，但這象徵著跟毛澤東保持距離。

胡耀邦認為，最大的禍害不是國家的開放，而是儘管有改革，體制卻仍然僵化、結構腐敗，而且缺乏民主監督。他傾向自由化的西方。對他和他的支持者來說，改革的腳步還不夠快。但是對陳雲和李鵬等強硬派而言，這已經走太遠了。改革派認為，只有更多開放和經濟成長，才能解決社會階層分化的問題。為了長期對抗貪腐，改革派要求更多的政治自由化。應該透過更多的權力分立和法治元素，讓貪腐的幹部——例如那個想要利用我父親騙走一百輛桑塔納的黨委書記——受到更多的公眾監督。兩個派系的路線之爭，非常不尋常地，甚至在公開場合進行。有一件在今天更加專制的中國難以想像的事情，在當時卻是可能的：充滿爭議且沒有審查的政治辯論。雙方的觀點有時甚至在中國國家電視台上都可以看到。

這兩個陣營並不是完全分開的。西方媒體常把保守派描繪成強硬派。但是這種描述過於簡單。對於民主訴求，陳雲比改革派的鄧小平更願意對話。一九七九年，陳雲反對逮捕後毛澤東時代第一位政治異議者魏京生。十年後，他也批評了北京的天安門大屠殺。

不過最後的決定權還是在鄧小平手上。在毛澤東死後，他既不是總理也不是黨主席，每個位置都只是副職，卻實際上控制了政治局勢。他對香港媒體說：「我已經有了名聲和榮譽，對吧？我不需要更多了！要有遠見，不能短視！」當時他八十四歲，已經正式辭去所有職務，但保留了決定性的中央軍事委員會主席一職。他因此成為人民解放軍和警察系統的最高指揮官。不過他的地位並非不可動搖。鄧小平面對的問題是，他發起的改革開放政策是否真為國家帶來了預期的成功，以及這個成功是否能持續下去。這在一九八九年春天根本談不上是確定的事。

除了社會不滿，這時還出現了另一個問題：鄧小平在七〇年代末強力發展教育的政策培養出大批的大學畢業生，但這些人在畢業後卻找不到適當的工作。因為國家的經濟發展雖然快，但還不到能容納愈來愈多的工程師、資訊科技人員、物理學家，或英文系畢業生的地步。數萬名學生即將畢業，但前景一點都不明朗。有些人在國外留學，認識了西方。因此他們對在中國的生活和職業生涯有更高期待。在這種背景下，知識分子的不滿特別強烈。

一九八六年，我們還在北京的時候，就已經出現第一波學生抗議。從我在友誼賓館房間的窗戶，可以看到著名的人民大學的學生宿舍。有些日子，窗戶上會掛著要求更多教材和參與決策的布條。有時學生也會舉行示威，但參加的人還不多。在這段時間，胡耀邦因為替這種小規模抗議辯護、反對強硬的警察行動、反對懲罰示威者的立場，在共產黨最核心的圈子裡樹立了許多敵人。他的政治局同事認為這種懷柔非常危險。儘管年齡很大，胡耀邦本來是鄧小平心目中理想的接班人。但是胡耀邦進一步自由化的計畫在保守派看來太大膽了，就連鄧小平也無法繼續支持他。一九八七年初，他被迫卸下黨總書記的職位。但正因為如此，胡耀邦成了學生的偶像。

一九八九年四月十五日，胡耀邦因心臟病發作去世。他在一九八〇年到一九八七年間擔任了中國共產黨的領袖。因此就連強硬派也很清楚，國家必須為他舉行隆重的葬禮。如果不這麼做，會讓黨內的分裂過於明顯地表露出來。許多對黨不滿的學生想參加葬禮，以表達哀悼。但事情並沒有到此為止。有些政治活躍的學生想利用這個具有高度象徵意義的機會進行抗議。

共產黨雖然安排了送葬隊伍，但不讓更多民眾參與。但是當送葬隊伍經過，還是有數以千計的人跟著走上街頭，而安全單位對他們束手無策。儘管官方於當晚宣布悼念活動已正式結束，但兩天後還是有人聚集在天安門廣場，為胡耀邦獻花圈、點蠟燭。這時人數已達數萬人之譜。第一波抗議標語也出現了。一面輓旗上寫著：「他的心生病是因為中國病了。」第一批大字報出現，傳單和部分手寫的文章被貼在布告欄上。這些文字不只歌頌胡耀邦，也愈來愈尖銳地批評國家領導層。

在接下來的幾週裡，街頭年輕人的數量持續增加。學生從北京西北區的大學遊行到市中心的天安門廣場。很快全國各地都發起了示威。參與者不再只是學生和學者，還有工人、農民，甚至公務員也走上街頭。這場抗議以驚人的速度激烈了起來。到了四月底，學生中的核心分子開始絕食。他們不只要求改革，更要求中國實現真正的民主。

領導層內部的爭論也愈演愈烈。身為政府首長的李鵬想要在北京幾個區實施戒嚴，禁止抗議活動。這讓他引來更多的仇恨。黨總書記趙紫陽則呼籲理解學生的訴求，並尋求跟他們對話。黨內也有一部分人主張罷免李鵬。

這麼一來，李鵬從兩方面都受到壓力，便同意在五月十八日在人民大會堂跟學生領袖對話，其中包括王丹，以及來自新疆維吾爾族的吾爾開希。他們是天安門廣場上最知名的學生領袖。

學生領袖直接從絕食帳篷來到人民大會堂；這是一座宏偉的建築，中國的橡皮圖章議會——全國人民代表大會——每年一次就在這裡召開。諷刺的是，會談在新疆廳舉行。吾爾開希穿著睡衣坐在總理對面，鼻子插著人工餵食的導管。李鵬看起來僵硬而緊張，打招呼時滿是枯燥無趣的技術官僚語言。相較之下，穿著破爛衣服的學生們卻顯得大膽而引人好感。李鵬剛正要官腔官調地開始他準備好的獨白，吾爾開希就打斷他：「我知道這很不禮貌，總理先生，但是我們在這裡寒暄時，廣場上有人在絕食。」

學生在後續對話中在鏡頭前抨擊他時，李鵬看起來像是石化了一般。他從未經歷過這種事。直到今天，共產黨官員都不習慣向大眾解釋。他想說服年輕人結束絕食，但不願接受他們的政治要求。特別是吾爾開希嘲諷李鵬，指責他權力傲慢。他說，跟黨的領導不一樣，我們示威者沒有核心領導。「如果天安門廣場上哪怕只有一個絕食者決定繼續，其他人也會因為團結而留下來。」吾爾開希說。

最晚在這一刻，李鵬明白了一件事：學生們不會因為簡單的請求就離開廣場。因此他答應了他們的要求，第二天早上與趙紫陽——一九八七年前是總理，之後是共產黨總書記——一起去示威者的帳篷探視。趙紫陽看起來疲憊不堪，幾乎是懇求學生回家。趙紫陽還說：「我們來得太晚了，對不起。」這是他最後一次公開露面。站在他身後的李鵬突然消失了。當天晚上在北京軍區司令部，所有高層的黨、政府和軍事領導人進行了一場特別會議。他們的討論在晚上十點結束，這時天安門廣場的擴音器傳出李鵬尖銳的聲音。他是遵照鄧小平的命令，宣布進入緊急狀態。城外出現了第一波軍隊調動。但是學生們在接下來的日子裡仍然堅守廣場。一九八九年六月四日凌晨，坦克開進來了。在幾小時內，中國的民主運動被鎮壓。血流成河。

在那個時刻，我們坐在離北京七千五百公里遠的狼堡的電視機前。我們離開中國首都才過了一年半。

當我父母打開八點的晚間新聞，看到那些畫面，他們整個呆掉了。主播楊・胡佛在德國「每日新聞」中報導坦克開進的街道，正是我們在北京時每天傍晚從德國學校放學回友誼賓館時都會經過的路。「據說有數千人死亡。」主播說。德國第一電視台駐外記者于爾根・貝爾特蘭——他的兒子在北京跟我同班——提供了第一手的畫面，也剪接了國際電視台其他同行拍攝的影像。我們看到示威者赤手空拳對抗全副武裝的士兵。在廣場上，藝術學院的學生幾週前用紙漿建造的十公尺高的「民主女神」雕像倒下了。渾身是血的年輕人的屍體被擔架抬著，穿過我們如此熟悉的市中心。每日新聞報導說，包括婦女、兒童、老人也遭到無情射殺。

和我父母一樣，我最關心的是我在北京認識的人。我的德國學校同學、我們的司機、一個與我們要好的北京家庭。要取得聯絡很困難，那時還沒有電子郵件或視訊通話。從電視報導中我得知，德國大使館要求德國僑民待在旅館和住所裡。學校先行停課，直至另行通知，暑假也提前了。

在那些日子裡，我從來沒有那麼積極看過電視新聞和收聽新聞廣播。我也第一次開始認真讀報紙。母親每天都叫我騎腳踏車去狼堡市中心最大的報攤，買全國性和國際性的報紙。她要我把每種報紙都買一份。有一次，一個學校同學陪我去，但他無法理解這種激動。「這整件事是發生在中國啊。這跟你們有什麼關係？你們是德國人。」

我很難向他解釋為什麼，但我幾乎知道每天發生的事情和政治後果。

母親在北京大學時認識一些講師和學生。我們陸續得知德國的朋友和熟人都平安無事，在等待下一班飛機離境時，她仍然無法確知那些師生的狀況。大學成員就處在這次事件的核心中。我母親不敢打電話。在那些日子裡，我們也不跟南京的親戚聯絡，因為我們不想讓任何人陷入危險。國家機器持續處於警戒狀態。

在抗議被鎮壓後，我父親對軍事行動感到震驚。但他沒有太多時間跟我們談這件事。總之，在那些日子裡，我們很少見到他。他凌晨三點起床，跟北京、上海、長春的同事通電話，同時用短波收音機收聽中國和國際廣播。早上七點他就出門了。

六月五日，德國外交部發布中國旅遊警告。德國駐北京大使館也準備撤離在中國的德國人。

福斯汽車在狼堡也召開危機會議。直到這些事件發生為止，在狼堡幾乎沒有人思考過中國的政治局勢，沒有人想過這仍然是一個獨裁政權，這裡正發生著侵犯人權的事。在董事會中，對於中國未來的發展也有不同的評估。中國會不會回到毛澤東時代的情況？或者中國會陷入內戰？福斯汽車應該結束在中國的所有計畫嗎？無論如何，中國不會再是原來那個國家了。但是現在說這個有什麼用？在那些日子裡，首先要考慮的是住在上海和長春的德國員工及其家屬的安全。

父親每天都要跟上海的生產董事漢斯－約阿希姆・保爾打好幾次電話。保爾安慰他說，鎮壓只發生在北京。只要上海和長春一切平靜，就不必停產。父親同意他的評估。工廠應該繼續運作。

中國年輕的民主運動已經死了。從八〇年代後半一直到一九八九年六月四日之間，可能是中華人民共和國自建國以來最開放和自由的時期。幾乎沒有人能預料，這個正面的趨勢會這麼快就以一場災難告終。隨著天安門廣場和周邊街道上血腥的鎮壓運動——觀察家稱之為屠殺——接下來的好一段日子裡又出現了一波鎮壓的浪潮，其規模是從十三年前毛澤東時代結束以來沒有見過的。

具體而言，這些年輕人的憤怒是針對黨幹部的貪腐和自肥。然而他們的抗議背後也有一種希望：經濟開放無疑改善了他們的生活，但他們也期待政治開放，希望言論自由、參與決策和民主也能在中華人民共和國裡實現。在抗議運動被鎮壓以前，我和我的家人也認為，中國開放的程度遠超過蘇聯和當時東歐集團的國家。我們認為，中國的開放和經濟崛起可以成為東歐人民的典範。

然而，幾個星期的抗議也凸顯了鄧小平改革政策的另外一面。因為快速的經濟成長帶來了物價上漲，在城市尤其如此。而仍然普遍實施的統一工資（換算成今天的貨幣價值）還不到一百歐元，無法應付人民愈來愈高的生活支出。政府不但沒有採取任何行動來緩解這個問題，富人的數量反而還在增加，而且在城市生活中愈來愈顯眼；這些也加劇了人們的不滿。許多抗議者希望得到比現況更好的結果。對他們來說，改變是好的，只是速度不夠快。如果中國領導層及時有所回應，示威者或許還可以跟政府達成共識。

天安門廣場上的事件受到國際的廣泛關注。然而事實證明，這主要是知識分子的抗議。雖然在那些日子裡也有工人跟學生聯合起來，甚至成立了獨立工會，讓政治領導層感到焦慮和恐慌，但這並沒有發展成席捲全國的群眾運動。大學在過去幾年裡做過許多政治的討論。包括在國家控制的報紙上，作家、學者，甚至共產黨代表也在社論與其他形式的議論中提出問題，討論什麼體制最適合中國。然而對所有階層的大規模動員是從來沒有的。社會困境也不是遍及所有地區。高通貨膨脹主要影響北京和其他一些新興城市的居民，而不是整個國家。在八〇年代末期，農村人口仍然占總人口的百分之八十以上。

基於這些原因，德國商界代表——包括我父親和他的同事漢斯－約阿希姆．保爾在內——確信不會發生全國性的反抗。儘管有第一波逮捕潮，他們認為中國領導層的路線不會有根本的改變。沒有人想回到毛澤東時代。鄧小平的政策仍然是「改革開放」。對福斯汽車來說，這意味著，就算領導層內主張開放太快的派系占上風，中國還是需要汽車。強硬派也想要機動性。因此我父親是中國業務部門中，少數反對立刻撤離德國員工的德國經理之一。生產董事保爾也是。因為這會導致上海工廠停產，可能也意味著整個項目的結束。從中國的角度來看，這無疑是違約和背信，以後福斯汽車可能很多年都無法在中國立足。

我父親的評估也基於他前些年談判的經驗。在閉門會議中，什麼都可以爭論。強硬談判不是問題，中方也這麼做。只要還沒簽約，策略和概念都可以完全推翻。圍著大圓桌一起吃晚飯時，就連政治議題都可以聊。但是中止合作，那怕只是暫時的，都會被視為一種冒犯，因為那必須透過公開聲明來表示。這就是著名的「丟臉」，這件事無論在中國的人際關係或高層政治裡都至關重要。儘管在德國承受政治壓力，我父親和福斯汽車都不想冒這個風險。

然而，我父親預防性地安排德國員工的家屬可以飛往香港或東京，這沒有任何困難。上海的德國員工可以搬到機場附近的旅館。我父親得到國營航空公司一位代表的承諾，如果有必要，短時間內就可以包機撤離德國人員。這對我父親來說也是一個證明，證明中國領導層在國家危機中沒有針對外國企業。對於奧迪在長春的德國員工，他安排了小巴士，讓他們隨時可以前往大連，再搭乘飛往日本的航班。於是一個緊急計畫就準備好了。在那些日子裡，他關注的不是大政治，而是為他所負責員工的人身安全做各種安排。

批評的聲浪很大：德國聯邦政府和德國媒體齊聲譴責對民主運動的鎮壓。各方大聲呼籲對中華人民共和國實施制裁。國際間的態度也更加嚴厲。美國媒體甚至要求所有西方企業退出或終止一切中國業務。

六月七日，生產董事君特・哈特維希打電話給我父親，說他在德國廣播電台上聽到上海發生騷亂。有示威者攔下一列火車並縱火焚燒。市中心也有抗議。哈特維希十分擔心：「大部分德國員工都是我的人，請確保他們能安全離境。」福斯汽車面臨一個艱難的決定：是要留下，還是像大多數西方公司一樣撤離？我父親堅持他的評估：福斯汽車員工應該留下。

第二天，上海市長在中國國家電視台發表談話。這位市長是朱鎔基，父親在我們離開北京前不久認識他時，他還是國家經濟委員會主任。他明確表示，上海沒有動亂。與傳言相反，他沒有實施戒嚴，也不會這樣做。城裡也沒有裝甲車輛。他呼籲民眾回到工作崗位上，維持工廠的生產。他允許六千名學生在市中心的人民廣場舉行一次追悼會。但此事到此為止。不准出現任何騷亂。在接下來的日子裡，他這些舉措確實讓城裡的緊張氣氛緩和下來。

幾週之後，上海的福斯汽車管理層收到朱市長的一封信。他在信中感謝福斯汽車留下來。福斯汽車是唯一一家在「困難時期」敢這麼做的西方公司。對他來說，這是一個重要的信任表現。當然，這也是一個有毒的讚賞。然而這個感謝不只是口頭上的。

福斯汽車的兩難

我父親和福斯汽車因為在一九八九年六月四日後決定留在中國而飽受批評，德國政府和整個德國也是如此。美國對中國實施貿易制裁，歐盟則實施武器禁運。德國政府雖然表達了批評，但無法下定決心實施制裁。這當然對福斯汽車有利。儘管如此，即使得到政府的背書，這家公司看起來就像一個沒有價值觀的大財團。關於福斯汽車在中國有爭議的商業行為的爭論從一九八九年就開始，而今天隨著新疆人權侵害的問題又再度受到矚目。

當時我很慶幸自己已經不在中國。「我再也不想跟這個國家有什麼關係。」我曾在一次晚餐時對父親這麼說。為什麼還有人會想跟一個反民主的政權做生意？他默默接受了我的觀點，並且藉由談論實際問題的解決來躲避這個責難。至少在我的感覺來說是這樣。

後來，當我已經是大學生，有一次我問父親，如果福斯汽車在一九八九年六月四日後加入西方企業的抵制行列並離開中國，那會怎樣。他則堅持，他的做法挽救了福斯的中國業務。事實確實如此。一九八九年之前，雖然桑塔納轎車在全國已有一定知名度，但在一九八九年後，這款三廂式轎車更成為一種身分地位的象徵。正如我父親當初所期待的，最早購買桑塔納的，是國營計程車公司、國營企業、政府官員。後來它則變成中國最暢銷的汽車。直到今天，關於福斯汽車在天安門廣場大屠殺後選擇留在中國的決定，我父親仍然純粹從經濟的角度來看待。他認為，如果福斯汽車撤出，中國汽車工業的發展最多被延緩一到兩年。我父親不相信公開終止合資企業能讓中國政府改變政治立場。「就算沒有福斯汽車，中國的領導層也能存活下來」。他說。在他看來，福斯汽車的行為對人權問題沒有任何影響。他認為為政治問題懲罰一個國家不是私人企業的責任。

西方各國在官方上對軍事鎮壓的憤怒很快就平息了。大多數西方企業——也包括德國企業——在幾個月後就重返中國。從這個角度來看，福斯汽車只是比別人早採取「一切照舊」的做法，但也明確表達了一種立場。福斯不介入中國內政，也出於經濟關係的考量而忽視其人權侵犯的問題。這種態度有嚴重的後果，直到今天也仍然持續著。

當時我父親並沒有考慮到，在中國反人權政策的背景下，福斯汽車是否應該繼續在那裡銷售汽車的問題。只要兩國政府允許合作，那麼合作就會進行下去。一九八九年六月，父親認為他的任務是盡可能實際地評估情況的危險性，並為公司制定行動指南。他符合一個工業經理人的形象，永遠從企業利益出發思考，非常冷靜地看待政治和社會事件。像父親這樣的人能夠看透個別部分是如何彼此配合的。他們把對大局的審視留給政治家——還有我們這些記者。

當時像父親那樣的工業經理人，是不是把事情想得太簡單了？他們在福斯汽車、巴斯夫或賓士的業務範圍內看待政治衝突，低估了經濟在政治進程中的作用。政治不是一種大自然的原始力量，它不能獨立於經濟和社會發展之外來制定規則規範。無論是過去或現在，它都會對工業的決策和需求作出回應。梅克爾擔任總理期間的德國政府就是一個很好的例子。十六年來，她幾乎每年都去中國為德國經濟利益奔走。在跟我們記者的私下談話中，她明確表示她反對像中國這樣的專制體制。但是牽涉到具體的中國政策時，你就很難感受得到她這種態度了。對外她代表了德國大企業的利益；這些企業在中國有數十億歐元的投資，而且非常在意德中經濟關係不受損害。

於是，當像福斯汽車這樣的達克斯指數（Dax）的企業認為某個市場很重要，這就成為對該國實施制裁的障礙。一九八九年，無論我父親願不願意，作為中國業務的企業經理人，他也是一個政治行動者。今天當我跟在中國活動的企業代表交談時，他們似乎也不接受這個觀點。就我父親而言，這可能跟他的經驗有關，他認為自己反正也改變不了大政治。雖然他當年從中國逃離，但是他那時年紀太小，算不上政治流亡者。政治不要去干擾他，他就最高興了。

接下來數十年的發展，似乎證明了福斯汽車留在中國的決定是正確的。大屠殺之後，雖然先有兩年的政治高壓和經濟停頓。但是到了一九九二年時，中國領導層就大規模重啟了經濟改革。

最晚到這個時候，德國企業也都再度準備好要進入中國市場。德國所有黨派的政治家都定期訪問中國，親自了解經濟發展情況，並且在九〇年代中期，中國經濟起飛時，為企業家打開各種門路。施羅德在一九九八年成為總理時，西方政府首長都在爭取中國領導層的青睞，簡直像一場比賽。「用貿易促進改變」至今仍是他們跟專制政權合作的辯護理由。

CHAPTER 8 全球化

一切照舊

在民主運動遭到鎮壓後的幾個月裡，中國陷入一片寂靜。那是一種令人不寒而慄的寂靜。我父親回想起他在一九八九年十月，也就是天安門廣場事件四個月後在上海停留的情景。他下榻在虹橋機場附近的日航酒店，這是當時少數幾間維持營業的大型飯店之一。大廳裡除了他以外空無一人。接待櫃檯上亮著微弱的燈光。「您想住哪一層？」櫃台人員問他。「您可以自由選擇。」幾個月來幾乎沒有人入住。

共黨領導人鄧小平在天安門廣場事件發生後幾天，發表了一場對外演說：中國將堅持改革開放的道路。然而西方幾乎沒有人相信他。因為就在同一時間，北京當局正以嚴厲手段對付學生領袖以及他們的支持者。他們遭到迫害與逮捕，只有很少人成功逃往國外。中國社會對這些事情籠罩著一片死寂般的沉默。當時的禁忌至今也並未消失。在過去的三十年裡，這段歷史從來沒有被認真檢討過。

軍事行動後的最初幾週，還留在中國的少數外國企業都保持低調。沒人想要引起注意。共產黨的領導層也鮮少露面。是幕後進行權力鬥爭嗎？至少表面上沒有人敢冒出頭來。所有人似乎都在觀望。福斯汽車的中國業務雖然沒有停止，上海合資工廠的生產仍在繼續，德國員工回到工作崗位，他們的家屬也重返中國，但是對我父親來說，要推動在長春與一汽的合作計畫，一開始還是相當困難。狼堡和英格爾施塔特的高層對於擴大中國業務的熱情已經消失了。德國現在轉而關注位於歐洲的前東歐集團國家。跟中國不一樣，那裡的共產政權一個接一個地倒台。十一月九日，柏林圍牆倒塌。在這種情況下，誰還會對連和平抗議也失敗的中國感興趣？就發生在自家門前的民主革命，當然比中國的局勢更令人樂觀。

一年後，奧迪100在長春開始生產。這是由一汽在取得授權後生產的。福斯汽車從德國供應零件，並提供技術支援。組裝和銷售則由一汽負責。即使在多事之秋的一九八九年，這整套運作也不受影響。到了一九九〇年，長春的產量已經按照計畫達到一萬五千輛。正如我父親當初所期待的，奧迪100在中國成為官員和黨幹部的專用座車。跟一家直屬中國領導層的國有企業合作，對福斯汽車和奧迪來說非常有利。

不過正因為這筆生意得到中國政府的支持，所以在德國也遭到反對。德國媒體報導了人權組織的批評，指責福斯汽車和奧迪專門為中國國家領導人提供高級轎車。然而，授權在長春組裝奧迪100只是整體業務的一部分。除了與上海汽車合作的工廠之外，福斯汽車的目標還包括在長春跟一汽建立第二個規模更大的合資工廠。除了奧迪100之外，新工廠還將為新興的中產階級生產高爾夫。這是當時就計畫好的。

一九八九年底，對福斯汽車的批評被鐵幕倒塌的新聞報導所掩蓋，因此比預期更快地減弱了。當歐洲人都在慶祝時，中國新任的國家主席江澤民在一九八九年十一月接見了福斯總裁卡爾·哈恩和一汽廠長耿昭杰，

福斯汽車在中國最大的成功：奧迪。「奧迪200」正式發布，長春，一九九六年

正式開始了計畫中的合資企業的談判。福斯汽車在上海只需要把原有工廠加以改建與現代化，就能組裝生產桑塔納，但是長春的情況不一樣。雙方同意，在長春的合資企業將在一片空地上建立起一座全新的工廠。一九九〇年十一月二十日，雙方簽署了年產量十五萬輛汽車的合約。按照計畫，新工廠將生產當時在歐洲最受歡迎的中型車高爾夫。一切都準備就緒，新機器已經訂購，技術人員也已就位，工廠已經開始建設，但就在這時候——就像過去總是發生的——事情突然又往完全不同的方向發展了。

一九九一年六月，當我父親和銷售董事韋納・施密特抵達上海虹橋機場時，在計程車站看到一排嶄新的紅色小型轎車，而且這些車不是桑塔納。當時中國幾乎所有計程車都是桑塔納。福斯汽車的市場占有率超過百分之八十。我父親問了計程車司機，得知這些是所謂的夏利，一個基於大發祥瑞（Daihatsu Charade）的車款。這家日本製造商把生產權授予給中國北方港口城市天津的一家公司。大發和當時福斯汽車最大的對手豐田（Toyota）有很密切的業務夥伴關係。後來這個品牌甚至被併入豐田集團。當我父親詢問價格，聽到八萬四千元人民幣時，他幾乎當場昏倒。福斯汽車即將在長春生產的高爾夫的售價，要比這個高出一倍以上。雖然高爾夫在技術上比日本競爭對手的車輛稍好，但在外觀和配備上，夏利跟高爾夫非常接近。「我們必須重新考慮高爾夫的事。」我父親說。施密特以為他在開玩笑，但這完全不是開玩笑。

在繼續飛往長春的飛機上，他們急切地思考該怎麼辦。中國的汽車買家既不知道夏利，也不知道高爾夫。因此高爾夫不會因為品牌形象和品質而占有優勢。加上如此大的價格差距，高爾夫不可能有競爭力。

但在與計程車司機的談話中，我父親也了解到，他們非常喜歡三廂式車身，而且認為夏利看起來不夠優雅。領導幹部會繼續選擇桑塔納作為公務用車。父親由此得出結論，在大多數中國人看來，一輛像樣的汽車仍然應該是三廂車。這時他想到了捷達（Jetta）。

捷達與高爾夫都使用相同的平台。在汽車製造中，平台指的是一個基礎，基礎上可以搭建不同外觀的車型。按照不同的車型，車身、擋泥板、車尾、側板可以不同，一些技術組件如引擎或變速箱也可以用模組化系統來組裝，但是底下的平台都是同一個。所以即將完工的長春工廠仍然可以用來製造捷達。同時，從中國汽車使用者的角度來看，捷達看起來更高級、更現代。桑塔納在技術和外觀上已經有十多年的歷史。相較之下，捷達顯得更現代化。問題仍然是價格。捷達有一個特別大的車尾，一定比高爾夫更貴，怎麼可能有競爭力？但施密特並不擔心這一點。捷達的生產成本實際上比高爾夫要低。儘管捷達外觀更長，有更大的行李箱，需要更多的鋼板，但高爾夫有一個尾門，這牽涉到更複雜的生產過程。因此捷達可能就是解決方案。

無論是在狼堡還是長春，營運部門的員工對更換車型的熱情都不高。畢竟準備工作已經進行很久了。他們已經準備好要生產高爾夫了。但如果施密特以及現在卡爾・哈恩確信這個決定是對的，他們就不會改變主意。

一九九一年十二月五日，專門為中國市場改良的捷達在長春工廠正式送出生產線，改款編號為MK2。工廠的重要設施，特別是整個車身製造、噴漆、組裝設備，都來自福斯汽車剛剛關閉的美國賓州威斯摩蘭工廠。福斯汽車在賓州拆除設備，然後在長春重新安裝——這幾乎是一種象徵性的行動，這表示福斯汽車的未來不在美國，而在中國。一切都進展得非常快：兩年後，長春已經生產了一萬輛捷達。

在狼堡，已經沒有人還討論人權問題，或者是否應該與專制政權做生意。這個話題在德國媒體上也幾乎都消失了，讓所有相關人士都很高興。這可能也是因為，中國距離成為世界強權還很遙遠，當時還沒有被視為可以挑戰西方價值體系的嚴重威脅。正好相反，西方感到自己更為優越。備受推崇的美國政治學家法蘭西斯・福山在一九八九年夏天發表的一篇文章中提到「歷史的終結」。福山主張，在蘇聯和東歐集團瓦解後，自由主義將以民主和市場經濟的形式，在所有地方取得最終的勝利。相對於其他所有制度，民主更能滿足人類對社會認同的需求。

中國顯然不是實施民主制度。但在這個脈絡下，有一種套話變得流行起來。特別是德國人在講到中國時常常會說，那就是：用貿易促進改變。隨著經濟整合的深化，民主和市場經濟也會在中國扎根。德國社民黨政治人物埃貢・巴爾在六〇年代為了接近東歐集團，曾經提出一個「用接近促進改變」的政治理念，現在這個「用貿易促進改變」只是一個小改版。畢竟，西方企業也在跟其他不那麼完美無暇的民主國家做生意。為什麼不能跟中國做生意呢？

中國式的資本主義

從表面上看，一九八九年後的兩年內，強硬派占了上風。中共元老陳雲成為中共核心，他完全喊停了鄧小平的改革。陳雲以及他在共產黨內的派系從抗議活動中得出一個特有的見解：自由市場促進了貪污腐敗與社會不公。所以他們認為，是過度的自由改革才導致學生走上街頭。

然而，黨內的保守派還得出另一個更有建設性的認識。他們明白，跟改革派的長期鬥爭已經動搖了體制。陳雲本人主張加強內部團結，因為他知道，體制如果無法維持穩定，就根本沒有權力可以分配了。事實上，他和強硬派對鄧小平改革開放政策的批評已經愈來愈少。陳雲此時已經八十四歲，只比鄧小平年輕一歲。他不久後就退出政壇。他的退出，為鄧小平繼續推進經濟改革鋪平了道路。

當德國在九〇年代初期正沉浸於統一的喜悅，幾乎沒什麼人關心中國的時候，父親在狼堡卻密切關注著北京的變化。我記得有一天晚上他在餐桌上談起鄧小平南巡的事情。我直到很久以後才明白，一九九二年春天的這次旅程有多重要。

雖然地方和省級幹部大多早已認識並欣賞市場經濟的優點，但他們不敢把一切都交給市場。中國領導層至少在表面上仍堅持共產主義的目標，即建立一個無階級的社會。這包括遵守預先確定的生產配額和利潤上繳。此外任何規畫，包括與外國企業的合作，都需要接受審查，以確定是否違背了社會主義。具體的解讀雖然是由個別負責的黨委書記來裁量，但這些意識形態規範仍然阻礙了發展。

但是鄧小平到南方省分的訪問，改變了這一切。南方省分是經濟改革政策在全國造成最大影響的地方。整體而言，這是一場壯觀的政治表演。鄧小平帶著家人和最親近的工作人員搭乘火車，參觀蓬勃發展的經濟特區，其中特別耀眼的一個就是深圳。當時的深圳已經發展成一座繁榮的工業城市。

在訪問途中，鄧小平提出了「計畫經濟與市場經濟相結合」的理論，把社會主義改稱為「社會主義市場經濟」，並促使私有財產的保護被納入中國憲法。這樣一來，過去十年在深圳和其他三個經濟特區試行的自由市場經濟，現在可以適用到整個中華人民共和國了。官方媒體把鄧小平坐在火車上向隨行記者口述發表的言論，先交由宣傳部門批准，並在些許延遲後，正式發布出去。鄧小平由此把資本主義在中國所受到的束縛完全解開了。

一九八九年的事件成為禁忌，同時經濟生活已不再受到意識形態的限制。賺錢成為新的國家信條。學生要求自由，現在得到了資本主義。鄧小平由此與人民達成了一種契約。領導層允許公民不受限制地賺錢，並容許私人生活中有更多自由。作為交換，他們不質疑黨領導層的權力壟斷。要錢可以，要政治不行——這個契約就是這樣。

這個不成文的社會契約引發了一波創業浪潮，其規模是中國經濟史上從所未見的。一切的顧慮都消失了。省級和地方幹部把現行的法律規定予以部分或全盤擱置。每個省分、每個城市都開設自己的自由貿易區來爭取投資者。在中國，致富不再是恥辱。鄧小平沒有聽從強硬派，反而選擇了向前衝刺。

我父親不是唯一注意到這些重大變化的海外經理人。但是西方投資者起初卻持觀望態度。自從大屠殺之後，西方對中國的看法似乎持續惡化。因為八〇年代以為經濟開放會帶來政治開放的期望，並沒有實現。

像福斯汽車這樣在一九八九年六月四日前就已在中國大筆投資的企業，的確很快就回來了。但來自歐美的新投資者則相對保守。他們留下的缺口，則被另外一群投資者所填補——這些就是即使在政治灰暗時期也仍相信中國終將崛起的海外華人。

海外華人作為重要的投資者

「華僑」是中國對海外華裔人士的固定用語，指的是住在國外，沒有中國國籍的華人。

這些華人社群最早可以追溯到十九世紀與二十世紀初、清朝末年的移民潮。第一代海外華人是水手和商人。他們當中有許多人移民到新加坡、馬來西亞、印尼、菲律賓、南北美洲，很多人從事修築鐵路的工作。海外華人之間保持良好的聯繫。他們不僅相互之間進行貿易，也與台灣和中國大陸的故土保持往來。他們的後代蓋起了工廠。再過一代，他們已經主導了金融業。如今光在東南亞就有超過三千萬海外華人。他們當中許多人從未放棄對中國故土的感情。他們說的中文通常是祖先家鄉的方言。

改革者鄧小平在開放政策一開始，就把目光投向這些來自東南亞、北美或其他地方的海外華人。如果他們在中華人民共和國投資，他就給予稅收優惠與其他優待。同時他也呼籲他們的「愛國心」。他們應該為自己或父母祖國的建設做出貢獻。鄧小平在浙江、江蘇、福建、廣東這些南方省分設立最先的四個經濟特區並非偶然。大多數海外華人家庭都來自這些地區。

華僑會響應共產黨政府的號召並不是理所當然的。他們當中有許多人是因共產黨而逃亡的，或者有近親遭到迫害。我叔公就因為有海外親戚而被紅衛兵毆打。這種事很常見。共產主義狂熱分子指控有家人在海外的人從事間諜活動，並強迫他們切斷與外國的關係。

儘管有這樣的過去，許多海外華人仍然響應鄧小平的號召。他們看到鄧小平的政策給他們帶來巨大的商機。海外華人的投資在八〇年代就是中國重要的外資來源之一，在一九八九年之後的幾年裡，更成了最主要的外資來源。特別是來自香港、台灣、馬來西亞、新加坡的富裕海外華人在這段時期投入了大量資金。其中包括像香港地產大亨李嘉誠，或馬來西亞華裔億萬富豪郭鶴年這樣的鉅富。

一九六二年父親離開台灣時，在前往歐洲的途中第一次接觸到海外華人。他們的開朗、友善——最終說來還有商業頭腦——就已經給他留下深刻印象。在九〇年代初的中國，海外華人之所以受歡迎，也是因為他們會說中文，有許多共同的中國習俗和傳統。在許多北京人眼中，我父親也被歸入這個群體，並受到相應的歡迎。

但這種描述並不適用於我家。像父親這樣為了求學或尋求更好生活而移居歐洲或美國的中國人，最多只是把專業知識帶回中華人民共和國，或者提供商業的聯繫。他們本身並不是有分量的投資者——不像那些來自東南亞等地的海外華人。但他們都相信中國正在崛起，而且以此為榮。從這個角度來說，我父親也屬於這個群體。

九〇年代的中國

從一九九〇年起，我父親又開始定期去中國。我偶爾也去南京看望親戚。同時我全身上下都帶著西德青少年的叛逆。

在更早幾年前，我的祖父母已經搬離了他們在石鼓路的四合院老宅。市政府拆除了市中心所有的老房子，換上了六層樓高的預製板公寓[17]。這時我的祖父母住在四樓的一間小公寓裡。養家禽當然是禁止的。但因為我祖母一輩子都養雞，現在也不想放棄，所以就在陽台上養了一隻雞。這隻雞的好處在於，因為確實就只有牠一隻，所以從不啼叫，也不惹麻煩，但每天都下一顆蛋。在我一次來訪時，已過八十五歲的祖母宰了這隻珍貴的雞，用牠煮了雞湯。「吃，吃！」她說。雞湯有益健康，能增強體力。但我禮貌而堅定地拒絕了，說：「我不吃肉。因為我要保護動物。」後來我聽到姑姑們竊竊私語：「被寵壞的小傢伙。」

我認為自己立場很堅定。在我狼堡的高中，我們那一屆很酷的人全是素食主義者。一次校外旅遊時，我們參觀了一間屠宰場。我們全都感到噁心，以至於班上有一半的人之後都宣布不再吃肉。在德國時，我父親就把這件事視為青春期搞怪。他和我母親只是勉強接受我的行為，比如說，我把炒飯中的火腿丁挑出來的時候。咕咾肉和宮保雞丁，這兩道童年時我最愛的菜，我一口都不碰了。我連腰果都不吃，因為它們碰過肉。但是在中國，父親認為我拒絕祖母用現宰雞煮的湯，是無禮的行為。

在中國，提供食物是一種表達愛的方式。我後來才明白，這是一個真正的文化差異：一旦孩子到了上學的年齡，父母和親戚就很少擁抱他們了。成年人之間也幾乎不碰觸，最多在婚姻中才有。握手是從歐洲傳入的，直到十九世紀中期才傳到中國。像南歐那樣用擁抱和親吻打招呼，是直到最近幾年才在大城市裡流行起來。中國家庭用另一種方式表達愛：食物。直到今天，在街上打招呼時，人們常常不說「你好嗎？」而是說「吃過了嗎？」當祖母把她珍貴的雞煮成湯給孫子喝，這就是她表達愛的方式。

在九〇年代初期，中國和德國在經濟上仍然是完全不同的兩個世界。八〇年代是舊聯

17 編注：在工廠先預製完成、運送到工地組裝的工法，在台灣較常用於商業建築，而非一般住宅。

邦共和國非常美好的年代。相較之下，中國儘管有了改革，還是很窮。照今天的貨幣價值計算，國民的年平均收入只有三百歐元。

我的祖父母認為從國家分配到新公寓是一種進步。我覺得他們的預製板公寓比老四合院還糟糕。樓梯間很髒，階梯的高低寬窄也不一。到處都是垃圾。公寓有兩個房間，牆面是光禿禿的水泥，門是金屬製。沒有壁紙，更別說地毯了。也沒有木頭地板。所有人都穿著外出鞋在屋裡走。公寓和街道幾乎沒有區別。偶爾打掃時，只是把髒東西掃到角落裡就了事。

祖父母有一間房，同時當臥室和客廳使用。這跟他們住在四合院時沒什麼分別。在那裡他們也只有一個房間。姑姑、姑丈和他們的三胞胎兒子共用第二個房間。他們睡在上下鋪。因為我兩個表兄弟上夜班，另一個在中午與晚上時段經營小飯館，所以他們白天都在房間補眠。晚上則是姑姑和姑丈睡在這間房。他們在屋角的小廚房裡用某種爐灶煮飯。走廊裡有一張長方形桌子和一條窄凳。他們必須輪流吃飯或者站著吃，因為位子不夠所有人坐。他們沒有冰箱，只有一個正面裝了紗窗的櫃子。煮好的食物就放在那裡。至少我的祖父母生平第一次在自己家裡有了坐式馬桶。儘管如此，還是臭氣沖天。因為馬桶只是簡陋地接到一根大管子上，管子則沿著建築的牆邊通往樓下，以至於所有廁所的臭味都能非常有效地傳到每個樓層。

然而，在改革開放十多年後，有些事情確實改變了。雖然我的祖父母除了從四合院搬到預製板公寓之外，生活方式基本上沒有改變，但是我每次來訪都能發現，姑姑與叔叔們，特別是表兄表姊的生活條件一直在提高。他們先是買得起電視，然後又買了冰箱，下次來訪時他們有了洗衣機和更大的住房。一位表姊後來在臥室裡裝了冷氣。在悶熱的夏夜，大家都擠在這個房間裡。從這些事情上，我看到中國經濟在迅速趕上。

經濟突破

儘管八〇年代後期北京已經現代化，但是第一家肯德基炸雞店開幕時，還是被當成登陸月球那樣慶祝——至少在我們小孩之間是如此，而流行時尚、熱門音樂、科技產品，在後毛澤東時代的中國，對大多數人來說都很陌生。

但這種情況在九〇年代完全改變了。最好的例子就是北京的絲綢市場。它位於使館區附近（一九九〇年前德國學校也在那裡），在與長安大街相接的一條小街上，叫秀水街。商販們大多來自中國東南部，也就是浙江、江蘇、福建、廣東等省分。他們直接把貨物從自己的村子帶到北京來販售。在絲綢市場上，討價還價總是很激烈。

在我們八〇年代中期住在北京時，這個市場就已經存在了。只不過，那時候的女商販們真的只賣她們在家鄉村子裡製作的絲巾，而且是賣給為數不多的西方遊客。但是到了九〇年代中期，絲綢市場的規模擴大了三倍。不僅賣絲巾，還賣世界知名品牌的現代服飾。這個市場對我們來說很有趣，因為這裡的防水戶外衣物、運動和休閒服飾，在德國買的話要貴上十倍。有些縫線不太整齊，標籤往往也只是草草車上幾針，但是材料和剪裁，跟那些掛著正版標籤運到歐洲市場、以高得多的價格出售的商品，是完全一樣的。市場上的商販稱這些是「從卡車上掉下來的貨」。事實上，在北京絲綢市場上以便宜價格出售的貨品，常常跟卡施塔特百貨公司或杜塞道夫國王大道上精品店裡的商品，是來自同一個工廠。因為這時中國已經成為全球最大的紡織品生產國。

整個八〇年代，農村的中國人仍然貧窮，主要靠分配到的小塊土地的收成維生。如果收成好，農民家庭可以在市場上賺到一點零用錢。如果遇到水災，他們就得挨餓。同時，勞動力嚴重過剩。

在毛澤東時期，包括貿易在內的一切都掌握在國家手中。為數不多的可分配商品，都由國家分配。隨著南方第一批經濟特區的設立，街上的小販愈來愈多。他們兜售著從香港和台灣走私來的商品，主要是服裝和廉價消費品。當局對此睜一隻眼閉一隻眼。

精明的小企業家很快就發現，這些商品根本不必大費周章地從香港、台灣或國外「進口」。他們完全可以自己生產，而且使用農村的勞動力。這主要是生產一些簡單但勞力密集的物品。比如襪子類的織品，基本上是用機器生產，但是最後一個步驟需要把襪子翻過來，用剪刀剪掉多餘的線頭和布料，然後縫上標籤。這些機器還做不到。小企業家把這些工作交給農婦，和大多數沒有工作或工作很少的老年人。整個村子會收到一籃一籃的襪子。他們分發這些籃子，給襪子加工，整齊地折好，然後準備好讓人收走，以換取微薄的報酬。許多農婦是在煮飯、照顧孩子或放牧時順便做這些工作。這種小企業營運的成本很低。不必蓋廠房，也不用買機器。這些小企業家的投資成本很低。農婦們拿到的工資也不高，但至少比賣她們常常很少的收成賺得更多。

不是只有襪子如此。很快地，農婦們也開始生產其他紡織品：T恤、褲子、運動鞋。不久後，他們就有了第一筆資金可以投資廠房和機器。村子開始發展成真正的工業中心。起初，小企業家們只滿足了國內市場的需求。但他們在世界市場上也有競爭力。這就是中國出口工業崛起的時刻。

在九〇年代，南部沿海省分已經有整片地區是由綿延不斷的生產基地所組成。運動品牌如愛迪達（Adidas）、耐吉（Nike）、防水布料 Gore-Tex，以及奢侈品牌如普拉達（Prada）、路易威登（Louis Vuitton）、亞曼尼（Armani）等等，產品都在中國製造。生產者大多是中國代工廠商，他們在大型工廠裡僱用農民工大量縫製這些外套、鞋子、運動服。北京絲綢市場上的商品與巴黎或杜塞道夫精品店的區別在於：中間商到這些工廠挑選製作精良、沒有瑕疵的商品，然後把這些商品運到歐洲。有瑕疵的商品，以及其他沒有中間商收購的商品，有一部分就由工廠的工人帶回去給村裡的親戚，這些人再把這些貨品帶到北京，在絲綢市場等地方販售。

對於賣家來說，旅行常常極度危險。其中一位叫趙英的小販曾經告訴我，她必須用火車把一袋袋的商品運到北京。由於還沒有銀行轉帳，收入要用現金帶回村裡。大多數人用十塊錢的紙鈔付錢，所以她也帶著一袋袋的現金在國內到處走。路上有時候會遇到強盜。趙英說她已經被搶劫過好幾次。但是對她來說，只要有幾次旅程是順利的，紡織品生意就值得做。

但在絲綢市場上賣東西並不是這些商販唯一的生意。隨著鐵幕的倒塌，從一九九〇年起，東歐人不再受到旅行的限制。俄羅斯人、匈牙利人、羅馬尼亞人、南斯拉夫人，像不久前的中國人一樣，對消費品有極大的需求，但還負擔不起西方的商品。而中國小企業家提供相同的貨品，價格也便宜得多。只是當然是仿製的，而且常常有瑕疵。但東歐商人並不在乎。

絲綢市場和周邊的街道於是發展成中國和東歐之間真正的貿易轉口站。特別是俄羅斯人會來採購商品，把它們裝進大號的格子花編織袋裡，然後在西伯利亞鐵路上沿途轉售。作為交換，俄羅斯人會帶來西伯利亞的皮草。因此絲綢市場後面就形成了東亞最大的皮草市場之一。在北京的外國人把它稱為俄羅斯市場。直到今天，還有很多俄羅斯人在那裡生活和工作，經營餐廳和超市。

我父親在北京有一位員工，我們稱她傅小姐。她來自四川省，也就是鄧小平的家鄉。她說著和他一樣的方言，能把他模仿得非常像。下班後，她還兼差做小出口商。由於鐵幕倒塌後，匈牙利是唯一一個延續社會主義兄弟國家傳統、不要求中國公民簽證的國家，像傅小姐這樣的中國人就利用了這一點。她買了九個大箱子，裝滿便宜的商品，坐火車到莫斯科，然後繼續前往布達佩斯。在那裡，她站在英雄廣場上銷售商品。用賺來的錢，她請人從中國空運更多貨物給她。成千上萬的中國人都這樣做。如今匈牙利首都是最多中國移民居住的歐洲城市。其中有些人住在豪華的公寓和房子裡。

這種貿易進展得很快。秀水街和周邊市場很快就不夠用了。政府注意到東歐商人在北京進貨，或者分往全國各地去尋找工廠。所以他們決定在首都以外建立大型批發市場，以改善貿易商的處境。而且不是簡單地設在城市郊外，而是設在商品實際的來源地：南方的工業中心。這類商品運轉中心裡，最大的一個是從一個叫義烏的城市開始。義烏位於北京往南一千二百公里、在上海以南不遠的地方。這裡成了「聖誕城」的起始地，因為今天全球售出的聖誕裝飾品中，超過百分之八十都在這裡生產。

傅小姐和趙英這些人的小額貿易只是開端。從他們開始的滾雪球效應在之後的幾年裡不斷擴大。隨著工廠對設備的投資愈來愈高，對品質、材料、生產方法的了解愈多，能提供的產品也就愈來愈好。這些產品很快不只銷往東歐，而也賣到富裕的西方國家。於是西方的消費者在九〇年代突然發現，到處的商品都印著「中國製造」。

狼堡的傲慢

一九九四年，父親和母親決定第二次搬到北京。福斯的三家中國工廠、擴產的工作、德方與兩個中國合資夥伴之間的諸多協調，以及與中國政府的關係維護，這些事務使我父親每隔幾週就必須飛往中國。我哥哥已經在讀大學，我拿到了高中畢業證書，我們兩兄弟就像人們常說的那樣，已經「離巢」了。而且董事會向我父親提供了亞太區副總裁和福斯汽車中國區總代表的職位。

新的任務也帶來新的挑戰，無論在中國還是在狼堡。中國發展的速度超出了許多狼堡人的想像。狼堡的管理層對中國仍然有第三世界國家的印象。總部的人相信，福斯可以永遠向中國人賣十年前的桑塔納和同樣老舊的奧迪100。他們以為中國人仍像一九七八年第一個中國代表團怯生生地敲福斯工廠大門時那樣。

這種錯誤判斷之所以嚴重，是因為福斯的競爭對手已經發現中國市場。現在這個產業幾乎所有的大公司都到中國拓展業務了：通用汽車、克萊斯勒、豐田、日產、寶獅、雷諾、BMW、賓士。一九八九年的大屠殺在商界實際上已經被遺忘了。大多數汽車製造商還沒有自己的生產基地，而是向中國出口汽車。雖然他們的銷量不能像福斯那麼大，但是能提供更廣泛的車型選擇。

這愈來愈是一個問題。因為中國人的要求在這些年裡明顯提高了。福斯在中國只生產桑塔納、捷達二代、奧迪100。我父親在狼堡力主推出新車款。但這並不容易。他的許多同事甚至分不清福斯集團參與投資的三個中國工廠：跟上汽合作的上海工廠、在長春的一汽，以及一汽福斯合資工廠。

由於生產不斷擴大，福斯也需要愈來愈多的專業人才。為了讓中國員工學習設備的操作，福斯首先得建立一個訓練體系。從中方的角度來看，這也是交易的一部分，甚至或許是交易的核心：在北京領導層看來，合資企業就是為了讓中國人向外國公司學習。

因此，福斯需要大量的德國教育訓練人力和管理人力在當地。但是那時候幾乎沒有人願意去中國，特別是去東北的長春。漫長的寒冬氣溫會低到零下三十度，夏天則很悶熱。然後還有霧霾，因為中國用燒煤供暖。一年中有很多天會因為濃霧和懸浮微粒而看不到太陽。大多數狼堡和英格爾施塔特的工程師無法想像帶著家人搬到這個地區住幾年。福斯委託製作宣傳片，為長春工廠召募德國專業人才。片中展示了福斯和一汽專門為德國員工按照西方高標準建造的住宅區，包括學校和運動設施。但這也不太管用。光是有「帶鞦韆的遊樂場」並沒有辦法帶來多少安慰，如果你知道事實上，最靠近的一家披薩店也在一千公里以外的北京。在這個現代化住宅區的圍牆之外，在灰濛濛的天空底下，仍然是一片社會主義的蒼涼景象。因此召募德國人才到這個地點是行不通的。

於是我父親安排中國員工到狼堡受訓。中方並不缺乏意願，但是他收到一汽員工抱怨，說在狼堡受到惡劣的對待。他們被安置在狼堡市的凱斯托夫區，那裡有五〇年代末期為義大利移工所建造的居住區。當他有一次回狼堡親自查看，也感到震驚：公寓完全破舊不堪，電梯門無法正常關上，有些公寓還長了黴。

「這些是一汽的管理人員。」我父親向福斯總裁哈恩抗議。「他們是為了我們的合資工廠來接受訓練，也將為一個關鍵計畫的成功做出貢獻。」他的訴求得到回應了。幾週之內，公寓就翻新完畢，之後成為福斯在狼堡最漂亮的員工宿舍。

隨著出口貿易的蓬勃發展，美國和歐洲對中國及人權侵犯的批評逐漸淡化，最後完全不成為議題了。許多西方企業回來了。而且更重要的是：這一次他們大舉投資。農民工的低工資與勤奮使中國對外國公司充滿吸引力；這裡既可以作為生產基地，又隨著中國人財富的增加而成為銷售市場。這個發展得到中國領導層的支持。他們希望讓全國普遍走向繁榮。用貿易促進改變——這也是柯林頓政府處理中國問題時所提出的口號。他們的希望是：即便中國的和平革命在政治上已經失敗，但是一個國家市場化與富裕程度愈高，其人民對政治開放的願望就會愈強，對忽視這種願望的政權也會施以更大的壓力。市場經濟、政治自由、法治以及民主似乎互為條件。西方政治家的敘事是：哪裡有財富增長，自由很快也會跟著到來。藉由這套說詞，實業家可以辯稱他們的投資是合理的，好像天安門事件從未發生過一樣。所以他們也認為自己站在歷史定律的這一邊，就像之前的馬克斯主義者相信共產主義必然在全世界取得勝利一樣。兩邊都相信自己體制的優越性，但也利用這種論據為自己的行為辯護。

這個算盤似乎打對了。中國確實回到改革開放的道路上，也初步嘗試逐步實現民主化。

在千禧年之際，鄉鎮一級[18]舉行了首次選舉。數十萬年輕人獲得出國留學的機會。生活方式的日益西化，以及特別是對國際組織的各種參與，讓人產生一種印象，即中國會透過更多的市場開放而在政治上變得更加自由。這種信念貫穿了整個九〇年代。中國經濟不斷成長，幾乎年年保持二位數的成長率。二〇〇一年加入世界貿易組織，可說是跨出特別大的一步。中國融入國際社會的進程似乎不可阻擋。

在改革開放的前二十年，福斯汽車走在最前面。在與中方夥伴上汽組成合資企業時，雙方約定前五年的所有利潤不分配，而是再投資到合資企業裡。這使上海大眾在前五年結束後，能把產量從三萬輛提升到六萬輛。再過五年，已經達到十萬輛。在第十年時，也就是一九九四年，產量突破了十五萬輛。在這段期間，上海市長朱鎔基發出口號：所有國有企業三年內必須實現獲利。像上海大眾這種國家只有部分持股的企業也包括在內。這樣的做法進一步讓所有市場參與者承受了更大的壓力。

我父親曾經簡短地說：「中國名義上是共產主義，但這裡的績效壓力比在自由市場經濟中還要大。」

第二個與一汽在長春合作的工廠也順利發展。一九九六年，在我父親離開福斯的前一年，該工廠生產了超過十五萬輛捷達。加上桑塔納，福斯在隨後幾年在中國的市占率超過百分之五十。這兩個汽車品牌在這段期間成了計程車的代名詞。福斯在中國人眼中也是真正的「人民」汽車，因為愈來愈多的私人可以買得起桑塔納，而且這款車在街上也最常見。

但對福斯集團來說，在中國發展最成功的是奧迪。它確實成為黨委書記、部長、高級官員的標準公務車。從一九八八年奧迪100在長春投產，直到一九九六年（比計畫稍晚）它以新名字「小紅旗」上路為止，這八年之間，奧迪是中國唯一生產的豪華車。因此這款

18 譯注：中國地方行政分省級、地級、縣級、鄉級，鄉級是最低的行政層級，包括鄉與鎮。再往下的村級是自治單位。

福斯總裁卡爾・哈恩從長春第一汽車製造廠副廠長呂福源手中收下一輛「紅旗」轎車作為禮物。狼堡，一九九三年

車是人們關注的焦點。這種狀況有時候甚至讓奧迪車主在北京的街道上享受到其他人沒有的特權。比如，當交通警察在大路口看到奧迪車開過來，就會讓它先通過。

後來這種優待不復存在了。奧迪100也不再是「領導」唯一的座車。隨著中國汽車市場的自由化，其他豪華車製造商也進入中華人民共和國。但是許多中國人至今仍偏愛奧迪，因為他們把這個品牌跟當時的特權連結在一起。在銷售量方面，奧迪曾連續三十多年穩居第一。

CHAPTER 9 中國情結

二〇二二年初夏的一個下午，我和父親坐在他柏林住家的陽台上，眺望著防衛運河。在河岸的林蔭道上，人們悠閒地在柳樹下散步，而同一時間，普丁對烏克蘭的侵略戰爭正如火如荼地進行。在將近三十年後，父母和我第一次又住在同一個地方。二〇一六年，他們放棄了在中國的住所。他們在那裡住了二十二年，先是在北京，二〇〇二年起則是在上海。一九九七年父親從福斯汽車離職後，他在一家瑞士鐘表集團將近十年，負責集團在中國、香港、台灣的業務。在二〇〇〇年和二〇一〇年代，上海躍升為一座可與紐約、東京、倫敦匹敵的充滿活力的大都市。

然而現在父親很慶幸不用再住在中國。住在那裡的最後幾年裡，他和母親愈來愈感到不自在。我去探望他們時，我們常常聊到社會條件的改變，以及上海的交通狀況。街上盛行的似乎是強者為王的法則，那就是：車子愈大，開車的人就愈不考慮別人。中國人的財富大幅增長，讓許多人過起舒適的生活，也擁有了過去所沒有的自由。人們可以負擔得起旅遊，認識世界，支持孩子出國留學和參加休閒活動。

中國的生活品質整體上已大幅提升。這個發展的另外一面是，至少有一部分中國人，特別是那些在短時間內獲得大量財富的人，變得狂妄自大且不顧他人，尤其是對收入不高的人。在上海時髦的市中心區，這種情況特別明顯。我父母於二〇〇二年初搬進安福路時，那是前法租界的一條小街，街上有一家洗衣店、一家修鞋店、一家理髮店、一家菸鋪、一家賣盜版好萊塢電影的ＤＶＤ店。除此之外，這條街相當冷清。在他們十四年後離開上海

李德輝與李文波，二〇二二年在柏林

時，那裡有一家丹麥－紐西蘭風格的咖啡館，供應高級法國葡萄酒和售價相當於五歐元的可頌麵包，旁邊是高檔餐廳、義大利精品店和一所私立幼兒園。每天早上和下午，這條狹窄的街上都擠滿了保時捷凱燕（Porsche Cayenne）以及奧迪和賓士休旅車—家長開車把孩子送到幼兒園門口。這些發了財的上海人炫耀和自滿的態度，彷彿有了錢就真的做什麼都可以，包括對他人態度惡劣。最後，上海和北京的百萬富豪人數超過了紐約和倫敦，儘管大多數人口仍然靠月收入過活。

此外，經濟發展還帶來了其他影響：大量燃煤電廠帶來持續的霾害，城市建築也有巨大的改變。拆除隊不斷到來，他們推平舊房屋，包括具有歷史價值的建築，然後蓋起更多更高的摩天大樓。沒有一寸土地沒被徹底翻過來。只要講到金錢、房地產、汽車，都是愈多愈好。當在我們坐在柏林的陽台上聊著當今中國，父親說，現在的人的這種貪婪無度，是他最不喜歡的地方。很快我們就聊到中國的發展出了什麼問題，包括福斯汽車。

從世界工廠到世界市場

鄧小平在八〇年代和九〇年代的改革，為中國驚人的經濟崛起奠定了基礎。那正是我父親在福斯汽車任職的時期。經濟在這二十年中持續成長。從二〇〇〇年代開始，成長率更是一飛沖天。

隨著中國在二〇〇一年加入世界貿易組織，大部分關稅被取消，許多貿易限制被放寬或完全廢除。中國由此完全進入全球化時代。所有知名的公司或品牌都進入中國：耐吉和愛迪達、蘋果和富士康、奧樂齊（Aldi）、宜家（IKEA）、西雅衣家（C & A）、H & M服飾，還有沃爾瑪百貨（Walmart）。他們一方面委託中國供應商大量生產運動鞋、T恤、螢幕、手機、杯子、地毯、塑膠玩具、遊戲主機。他們利用數百萬農民工，這些大多是鄉下的年輕人，他們一週工作八十小時，只領取微薄的工資，進行著縫紉、黏貼、組裝的工作。中國建立了一個龐大的出口經濟。而世界其他地方則從中國購買便宜的商品。在中國納入世界市場之前，在德國，一個咖啡杯要價十德國馬克，但一個德國人平均只擁有六個這樣的杯子。然後中國（和宜家）來了，用同樣的十馬克就能買十個。

另一方面，西方公司發現中國作為銷售市場也有很大的獲利空間。從那時起，中華人民共和國不再只是世界工廠。汽車和機械製造商如福斯汽車、西門子、賓士、巴斯夫，以及雨果博斯（Hugo Boss）、美諾（Miele）、西雅家衣都大發利市。

這樣的發展也讓我印象深刻；在二〇〇〇年代，我發現自己也被中國的富裕所吸引。還是青少年和學生時，每次不得不去中國拜訪親戚，我總是不太情願。去發展程度遠遠更高的香港或台灣——那裡我也有親戚——我覺得還比較輕鬆。學業結束後我決定從事新聞工作，在新聞學校的面試中我被問到為什麼對中國這個主題不感興趣，畢竟未來正在那裡發生。「我想做地方新聞。」我回答。我無論如何都不想在職業上被限制在中國這個主題上。中國當時一點都不吸引我，我太擔心必須在那裡待上一段時間。

在二〇〇〇年代，這種情況改變了。我定期去中國的間隔愈來愈短，先是每兩年一次，然後每年一次，後來甚至一年好幾次。這時我完全可以想像去北京當幾年通訊記者。我觀察到，起先是沿海地區變成巨大的建築工地。到處都在興建新的摩天大樓、消費廣場、現代道路、貨櫃港口。接著這種發展很快就延伸到內陸。

例如重慶。重慶現在有超過三千萬居民，是世界上人口最多的城市。我曾在一九八六年十一歲的時候和父母一起去過。從重慶出發，人們可以搭乘江輪，遊覽著名的長江三峽。當時還沒有巨大的三峽大壩。長江兩側的山峰高達一千二百公尺，直抵雲霄。不只景色壯觀，航行也很刺激。因為水中的漩渦以危險著稱。自從大壩建成後，峽谷航行不再危險，水位往上只剩下幾百公尺高的岩壁也失去了壯闊的氣勢。

當時我覺得重慶是一個大怪物。市中心位於揚子江和嘉陵江會合處的半島上。房屋完全破敗，窄巷裡堆滿垃圾。「棒棒軍」是那些用竹竿挑著沉重貨物，在陡坡上來回搬運的苦力。此外還有夏天的悶熱以及冬天的濕冷。卡車無法通過這些窄小且常有狹隘階梯的巷道。到處都有人坐在街上乞討。這座城市給我的感覺，就像是一座巨大的貧民窟。許多人住在洞穴裡——這還是在市中心。但是當我二〇一〇年再次走訪重慶，我已認不出這座城市了。舊房子不見了，換成閃亮高樓構成的天際線。大部分有陡峭階梯的窄巷不復存在，取而代之的是一條穿越整個半島的高架快速道路。只有一條這樣的階梯窄巷被保留下來，作為旅遊景點。旁邊則是一個充滿人氣的購物中心。

在其他地區也是如此，到處都建造了現代化的高速公路和高速鐵路，這些鐵公路甚至穿越像戈壁沙漠或西藏高原這樣荒涼的地區。搭乘新的高速鐵路，從南京到北京的行車時間從原本十八小時縮短到不到四小時。政府從平地蓋起一座又一座百萬人口的城市。工資上漲了，先是經理和商人的工資，然後是公務員的工資，最後是農民工和農民的工資。從統計數字上也可以看出這一點。到二〇〇〇年為止，國民平均收入比一九八〇年時已經增加了四倍多。從二〇〇二年起呈指數成長，到二〇二〇年又增加了九倍。對數億中國人來說，這樣的發展意味著擺脫貧困，進入中產階級。在人類歷史上，從來沒有這麼多人在這麼短的時間內，生活條件得到如此顯著的改善，像中國的二〇〇〇和二〇一〇年代所發生那樣。聯合國在二〇〇〇年設定了全球減貧的千禧年目標，即到二〇一五年要把全球貧困人口減少一半，結果光靠中國就讓這個目標得以實現。

中國在短短幾十年內讓這麼多人脫離貧困，並持續保持如此強勁的經濟成長，這是怎麼辦到的？二〇一二年，我在北京參加了一場有知名經濟學家出席的經濟會議。我特別記得美國發展經濟學家巴里・艾肯格林的一場專題演講。他指出，從一個貧窮國家發展成一個中等收入的經濟體相對容易：你只需要一個運作良好的國家機器，以提供可靠的投資條件與完整的基礎建設。然後國家邀請外國投資者進入，用廉價勞動力作為誘因，並放寬出口條件。他說，也有其他發展中國家曾用這個模式取得成功。然而更進一步的發展，也就是從一個新興國家發展成一個工業國家，就困難得多。這位經濟學家談到了「中等收入陷阱」。照他的說法，處在追趕階段的國家，靠著吸收國外知識和提供廉價勞動力就能成長。但是當一個國家達到某個發展程度之後，關鍵就變成該國是否能創造更多的成長動力。也就是說，這些新興國家的人民必須提出新的想法，且這些新想法要能跟工業國家的高價值產品競爭。這就需要在教育、研究、科學、機械方面進行大規模投資。只有擁有相應的人才，高科技公司才會進入該國，並帶來高價值的工作。

這正是在中國發生的事情。政府不僅利用強勁出口帶來的收入建造了許多新的公路、鐵路、港口，還很早就開始送數百萬中國年輕人到國外留學，以優渥的條件吸引他們回國，讓他們建立一個可以與西方大學匹敵的高等教育和研究環境。而且：政府鼓勵中國企業家把出口貿易的盈餘持續地用於投資更好、更高價值的機器，以及獲取如何操作這些設備的知識。相對地，西方工業國家由於有許多生產基地遷往中國，所以不只損失大量工作機會，甚至還失去了技術能力。今天中國之所以對西方企業如此具有吸引力，也是因為該國擁有超過一億受過良好教育的工程師、軟體開發人員、技術人員，而這些人才在舊工業國家現在供應不足。二〇〇八年，我在北京奧運會前的採訪行程中，在深圳遇到了一些年輕的工廠工人。他們領著微薄的薪水，每天工作十四小時，在一個巨大的工廠裡組裝手機和遊戲主機。他們住在簡陋的工寮裡，每十個人睡一間連十張床都放不下的房間。這些床他們就輪班使用。一些人工作時，另一些人就去睡很少的幾張床，直到換班。他們一個月的收入差不多換算為一百五十歐元。十年後，我再次見到他們其中幾個人。當中一位已經有了自己的公司，做血壓計。他利用了在組裝消費電子產品時所獲得的知識。他先用這些技術知識拼湊了一些產品，後來自己創業。另一個在科技公司華為（Huawei）擔任軟體開發人員；華為是全球領先的網路設備供應商之一。緊鄰在他十年前辛苦工作的工廠廠房旁邊，現在矗立著華為的企業園區，裡面有現代化的辦公大樓和研究設施，看上去更像一座校園而非企業。他的年收入現在是以前的十五倍。財富已經來到了農民工身上。

我在南京的家人也受益於中國的經濟崛起。不過我的祖父母沒有經歷到財富暴增的時期，他們在九〇年代初就過世了，兩人都活到將近九十歲。他們一起生活了超過七十年。祖母過世時，祖父也不想多活了。他的健康狀況很好，但在她過世後幾個月的一個晚上，他也過世了。當姑姑們打開他一直用來存放貴重物品的抽屜，裡面整齊地放著我父親這些年來寄給他或帶給他的所有德國馬克和美金。他從未花過這些錢。甚至連我們在一次探訪時送給他的金莎巧克力禮盒——裡面是仿金箔包裝的榛果巧克力——也被收在裡面。巧克力早已壞了，但他把它當寶貝一樣珍藏。

祖父母一生中大部分時間經歷到的都是貧困與物資短缺。但是我在南京的許多堂兄弟姊妹就已經懂得如何利用經濟起飛。他們小時候還羨慕過我的耐吉運動鞋、索尼隨身聽、任天堂遊戲機，但現在我的一些堂兄弟已經在市中心擁有幾處能眺望南京天際線的房地產。其中一位買了一棟鄉間別墅，每個週末都開著休旅車去那裡渡假，我的一個堂姊則把女兒送到德國留學。她女兒現在已經讀完化學碩士，住在華盛頓，為一家美中合資企業工作。我幾個從商的親戚在二〇〇〇年代就已經過得很好，生活水準比我這個在柏林當記者的人還高。這些是我在中國看到的好的發展，我懷著很大的讚歎、著迷和相當程度的自豪見證了這一切。在這樣的片刻，不論過去或現在，連我也樂意做一個中國人。

德國最重要的貿易夥伴

當福斯汽車、西門子和一些其他企業在八〇年代在中國開分公司和建立生產基地的時候，被視為是先驅。巴斯夫、賓士、ＢＭＷ緊接在後，然後是相當數量的德國中小企業，通常是所謂的隱形冠軍，也就是專精於生產一種機器或一個零配件的小企業。這些小企業很多來自德國的施瓦本、東威斯特法倫或巴登地區，中國在工業化過程中對他們產品的需求量很大。德國人從中國的崛起中賺到了大錢，而且直到今天也仍然如此。更重要的是：在過去三十年中，可能沒有其他西方工業國家像德國企業這樣，在中國市場上以及在跟中國的合作中獲得如此豐厚的利潤。沒有其他經濟合作暨發展組織（OECD）國家在中華人民共和國投資如此之多，沒有其他歐盟國家與中國有如此多的貿易往來。二〇二一年，中華人民共和國連續第六年成為德國最重要的貿易夥伴，進出口貿易額達到二千四百五十億歐元。這相當於德國對外貿易額的百分之十。

會有這樣的結果，一方面是因為大型和中型德國企業在改革開放初期就跟中國建立了關係。當其他西方國家的競爭者發現中國市場並跟著進入時，德國公司在愈來愈有購買力的中國人之間早已建立起品牌形象。另一方面，德國是一個工程師的國家。中國進行國家建設所需要的主要是車輛和機器，而德國經濟能夠以很高的品質提供這些產品和商品。而德中關係在政治上的負擔遠比中日關係少，這應該也是一個優勢。

中國被納入世界市場，結果使大多數西方國家三十多年來幾乎沒有明顯的通貨膨脹，因為他們可以用低廉的價格從中國進口無數消費商品，而同一時間，中國農民工的百萬大軍在巨大的廠房裡用微薄的工資為我們縫製T恤與組裝電子產品。在新冠疫情期間，我們感受到了當中國的供應鏈停擺，會發生什麼事。不出幾星期，德國許多商店的貨架也都空了。

福斯汽車呢？透過我父親和他狼堡的同事於一九八四年在上海開設的第一家西方合資工廠，福斯汽車成功地在中國汽車市場上保持了三十多年的領先地位。直到在電動車領域，中國競爭對手首次占據了領先地位，福斯汽車才失去這個位置。然而，福斯汽車的總體統計仍然充滿著超級記錄。從我父親當初在中國推動的三家工廠，現在已經發展成為三十四家汽車和零件工廠。中國每五輛新車中就有一輛來自福斯汽車工廠。以這樣的方式，福斯汽車在中國創造了超過九萬個工作機會。二〇二一年福斯汽車生產的每兩輛車中，就有一輛交付給中國人。

但是隨之而來的就是依賴性的問題。只要中國還是一個正在崛起但仍然不發達的國家，而外國企業在技術、財務、管理上都優於中國企業，這個問題就無所謂。而且中國多年來確實都是這樣：謙虛、感恩，同時渴望學習和求知。

用貿易促進改變？

儘管經歷一切改革開放，中國仍然是一黨專政的國家。外界曾根據一些很好的理由認為，中華人民共和國會像前東歐集團國家一樣，和平地朝類似的方向發展。

一九七五年，海爾穆．施密特成為第一位訪問中華人民共和國的德國總理。在那個時候，中國仍由獨裁者毛澤東統治，成千上萬的人遭到迫害，或以其他方式受到政治壓迫。儘管如此，施密特終其一生都支持與中國接近，並提倡與中華人民共和國建立經濟關係。從八〇年代開始，柯爾總理利用鄧小平推動的開放和改革政策，特別著力於跟這個巨大的國家進行經濟合作。柯爾確信，在轉型為市場經濟的過程中，中國也會自由化。畢竟，決策參與和法律保障是市場經濟能否運作良好的重要指標。事實也確實如此。鄧小平的政策方向一直都很難看透，他的繼任者也是如此。他們的決策是如何形成的，外界不得而知。但是有一點是確定的：他們的行動永遠是為了鞏固共產黨的權力。而共產黨如何合理化他們這種維持權力的作為？就是透過經濟成長。共產黨對人民的承諾是：如果他們放棄重要的政治參與權，不質疑共產黨的權力壟斷，那麼作為回報，政治領導層將確保財富會持續增長。因此，其他一切始終都要讓位給經濟成長。這使得共產黨領導層儘管不透明，但在許多方面是可預測的。

施密特、柯爾、施羅德、梅克爾的看法是，隨著經濟的崛起，中國會自動加入由自由民主國家和基於規則的世界秩序所構成的體系，這符合包括中國在內的所有人的利益。在九〇年代和二〇〇〇年代初期，這種看法更為主流，因為在東歐集團瓦解後，自由民主制可以視自己為已經勝出的體制。在中國各界有許多人也是這麼看的。即使他們還是不能把許多事情說得太明白，但幾乎沒有人否認中國正變得愈來愈開放。

城市中產階級的出現，密切的國際交流——對許多人來說，從二〇〇〇年代起，在消費、休閒選擇、發展機會的面向上，上海、廣州、北京的生活幾乎跟在巴黎、倫敦、紐約沒有多少差別。從二〇〇三年開始，在胡錦濤擔任國家主席和溫家寶擔任總理期間，看起來中國在籌備二〇〇八年北京奧運會和二〇一〇年上海世博會時，在政治和社會上會更加自由化。北京釋放了善意的訊號。消息說，接下來會強化法治，而不會像以前那樣任共產黨專斷統治。世界各地的基金會和非政府組織都受邀到中國來活動。奧運會期間，政府還頒布了新的新聞法，允許媒體有更多的自由報導空間。像我這樣的外國記者這時甚至可以在國內自由行動，人物訪談和調查旅行都不用向當局事先報備。在二〇〇八年之前，照官方說法，這是不被允許的。

甚至人權組織也得到進駐中國的機會，通常是透過跟中國大學的合作計畫。儘管人權議題在這段時期也是亂七八糟。但是事後看來，當時確實存在相對的開放性，中國人對於了解其他國家有很高的興趣，包括了解其他國家的公民權利。領導層甚至允許在地方層級上小規模試行自由選舉。在當時，這一切都增加了我對中國發展的樂觀態度。在二〇一〇年左右，中國當然離西方理解的民主制度還很遙遠。但方向是正確的。這是當時大多數與中國有往來的德國人的想法。在那個時期，父親和我對事情的評估也達到了前所未有的一致，可能之後也再也沒有了。所以貿易真的帶來改變了嗎？

習近平衝擊

中國從二〇一三年以來所發生的鉅變，至少就其規模而言，就連最堅定的中國悲觀論者都始料未及。中國不只變得更富裕、科技更進步、在國際舞台上更具影響力，跟各國——尤其是德國——的貿易往來也更為頻繁。在習近平領導下的中國也變得更加民族主義，更具侵略性，而且對外國，特別是對西方國家，也更加敵視。

我從二〇一二年起在北京擔任德國《日報》通訊記者，一直到二〇一九年初。早在二

○○八年奧運會前夕，我就有機會在中國進行幾個月的採訪和報導工作。二○一○年，我參加了為期三個月的德中記者交流計畫，這是由羅伯特・博世基金會主辦的活動。在這個計畫下，我曾在中國財經媒體《財新》當訪問記者幾個星期。當時雖然仍有審查制度，但中國的新聞業正在開放和專業化，官方宣傳的影響力也在減弱。我的許多中國同事都充滿起飛的朝氣。即使有——或者正因為有——審查制度，他們的新聞專業水準比我在德國所見到的還要高。

我還記得第一天走進編輯部的情景。那是一間有五十多個工作座位的辦公室，但幾乎都是空的。部門主管向我解釋，大家都外出採訪了。這讓我印象深刻。因為我在西方的編輯部看到的情況是，大家多半坐在電腦前，盯著螢幕上隨時更新的消息，偶爾透過電話取得政治人物或專家的一兩句發言。中國編輯部的同事並不接受這種工作方式。他們不信任那些由國家完全控制的通訊社和官方聲明。因此他們奉行的原則，是自己去獲取所有資訊。只有親身經歷和親耳聽到的事情，他們才會報導。對我來說，這樣的新聞業比我之前所認識過的更為真實。

四年後，我再次走進編輯部，拜訪一位在二○一○年實習時認識的同事。大部分的座位又是空的。但這次不是因為大家都外出採訪，而是因為他們要麼被解雇，要麼自己辭職了。中國新聞自由短暫的春天已成過去了。

當二〇一三年習近平登上黨和國家最高領導人的位置，一開始看起來很有希望。他以親民的形象出現，似乎真正代表人民。但事後看來很清楚，這已經是民粹主義的徵兆，是一個強人統治的預告，他連黨的體制與微弱的分權制度都能加以漠視。但是一開始一切看起來都很好。他跟之前的領導人不同。之前的領導人在公開場合出現時，總是僵硬地低頭盯著講稿，習近平則開放、自由地演講，也會親自與人交談，甚至包括對記者。

在接下來的幾年裡，中國變得更加威權。在習近平之前的領導人也不容許批評體制，也殘酷迫害異見人士，對西藏或維吾爾人居住的新疆省的抗議活動進行鎮壓。但那時仍有很多灰色地帶；在日常生活中，當局和安全單位所實施的限制常常沒有那麼嚴格。這就是當時普遍的狀況，也是引發習近平嚴厲整頓的原因。

在中華人民共和國的歷史上，腐敗一直都存在。在沒有獨立監督、缺乏自由媒體和法律補救措施的情況下，濫用權力和徇私舞弊的風險特別大。自鄧小平以來，每一位新任國家領導人都以反腐運動開啟任期。但是隨著經濟成長，問題的規模有了明顯的變化。在鄧小平時代，貪污多半還只是幾百元，到他的繼任者江澤民的時候，就已經是幾萬元。到了胡錦濤任期結束的二〇一二年，賄賂金額已達到數十億元。從這裡也可以看到，中華人民共和國現在流通的資金規模有多大。黨的領導層不只在政治上，而且在經濟上也握有主導權，因此特別容易從中獲利。

在習近平擔任黨和國家最高職務之前，二〇一二年有一樁腐敗醜聞震撼了政府機關，讓整個中共領導層為之動搖。這起事件最初是關於政治局委員薄熙來，他是一位風格獨特的高層政治人物，在僵化的黨機構中展現出一種新的作風。然而這位富有魅力的薄熙來也嚴重腐敗，他周圍的犯罪活動非常猖獗。習近平一當上中共領導人，馬上就讓薄熙來倒台。黨機器不再保護薄熙來，而是對他採取行動。在一場萬眾矚目的審判中，薄熙來被判處無期徒刑。同時薄熙來事件也揭露出，在國家最高層裡，裙帶關係和濫權的現象普遍存在。或許習近平的前任胡錦濤之所以放任高官胡作非為，是因為他想掩蓋共產黨在最高層裡已經腐敗到何種程度。然而薄熙來醜聞影響的範圍愈來愈大。突然間，當時即將卸任的總理溫家寶的家族也牽涉其中，此外權力龐大的政法委書記周永康也一樣；中共龐大的警察體系就是在他手上建立起來的。結果顯示，這些執政者本身就很腐敗。

習近平把這件事視為對黨和他自己地位的真正威脅。共產黨壟斷了權力，並以經濟成長與全民富裕為其合法性的借口，但現這個借口受到了質疑。他在上任後，立刻宣布要展開大規模的反腐運動，不只要打「小蒼蠅」，而且還要打「大老虎」。他的意思是：無論是貪污的村長，還是腐敗的高級幹部，都不能再逃避法律的制裁。

然而薄熙來不只是一個腐敗的黨幹部，一般也認為是習近平在黨內最強大的對手之一。因此習近平利用這個機會，透過一場類似公開審判的方式清除了一個對手。之後這種模式一直延續。習近平一邊清除黨內腐敗，同時也肅清他黨內的對手。這樣一來，習近平打破了改革者鄧小平當年設立的一個禁忌。因為鄧小平從毛澤東時代的慘痛經驗中吸取教訓，認識到領導人定期交接的重要性與合理性。因此他在一九八二年做出指示，每十年要進行一次有序的領導層更替。為了確保領導層接班過程不會發生內部的權力鬥爭和報復，新政府不得對前任採取過於嚴厲的處置。但透過逮捕一度權勢薰天的周永康以及其他種種作為，習近平廢除了過去的接班慣例。

習近平上任後還不到幾個月，就有數十萬名官員和黨委書記因為反腐調查而不得不離開職務。其中許多人遭到逮捕並受到審判。這還不夠：習近平還堅決打壓其他所有他不喜歡的反對者，不分黨內黨外，包括批評者、知識分子以及異見人士。這樣一來，他也樹立了許多新敵人。而為了這些人不來打擾他，他從此嚴厲壓制他們，並把愈來愈多的權力集中在自己手中。

權力被中央化，即使地方層級的政府單位也沒有自主決定的任何空間，媒體報導遭到一體化，社群媒體也實施審查機制。從那時起，批判性的公共討論和民眾之間的道德共識都變得不再可能。政治宣傳比過去任何時候都更具影響力。這一切還伴隨著科學的意識形態化以及專家地位的弱化（中國領導層過去曾因為尊重專家而贏得務實的良好聲譽）。取而代之的是一種要求絕對服從的領袖崇拜。習近平在二〇一八年廢除了任期限制。從他的角度來看，這完全合理。因為習近平知道，如果他下台，就得擔心自己的生命安全了。

身為記者，我在二〇一三年之前都還可以理所當然地打電話給許多重要人士，或跟他們會面，無論是在政府內部或之外，包括在企業界、學術界、公共領域。但是這些人當中很大部分突然都不再與我聯絡。他們要麼完全不回應詢問，要麼回答：「不方便。」儘管中共領導層表面上仍然高舉著五星旗，但實際上已經換了一個政權。中國共產黨從一個不同派系相互競爭並因此相互制衡的黨，變成了習近平的黨。

習近平也加強了對人民日常生活的控管。在他的領導下，政府利用國家取得的巨大科技進步監控人民。據說在二〇二一年，中國公共場所就已經有五億個監控攝影機；在北京和上海，平均每三個居民就有一部監視器。而這只是控制狂熱的第一步。習近平計畫推行所謂的社會信用體系，對每個個人和每家公司的表現進行監控和評分，無論是在網路上、公共場所還是私人場合裡。評分愈高，這個人找房子或求職的機會就愈好，下次貸款的利率也可能更低。如果評分太低，比如因為在智慧型手機上玩太多遊戲、過馬路時闖了紅燈，或者只是在擠公車時推擠別人，就可能被禁止搭乘火車或飛機等交通工具。所有這些不只是為了培養順從的人民，也是為了收集每個個人和每家企業的資料。領導層甚至把監控技術轉化為一種經濟優勢。到二〇二五年，中國在人工智慧方面的技術和經濟實力可能會領先全球。因為這項新技術最重要的原料是資料。對中國科技企業來說，監控國家給他們提供了這些理想條件。

習近平追求的是在黨內定於一尊、在國內有絕對權力，而且不止於此。在外交政策上，習近平時代的中國不再像鄧小平當年要求的那樣謙遜和克制，而是變得充滿侵略性與脅迫性。在中國的外交政策中，開放和合作的跡象已經所剩無幾。誰不按照中國領導層的意願行事，就會受到制裁或其他方式的懲罰。黨的改組固然已透露許多訊息，但是外交政策的路線更清楚地顯示，西方想透過經濟關係和國際合作使中國在社會和法律上自由化，中國不會接受。相反地，中國正積極按照自己的設想去構築其勢力範圍。用貿易促進改變的想法不僅在俄羅斯，在中國也同樣失敗了。

最明顯的是中國對香港的處置。一九九七年英國把這個殖民地移交給中國後，這個位於珠江三角洲河口的貿易和金融大都市本來應該繼續享有五十年的特殊地位。至少這是英國和中華人民共和國之間在國際法上達成的協議。根據「一國兩制」的原則，這個大都市從那時起雖然隸屬北京政府，但是香港市民享有新聞和言論自由、擁有自己的法律體系、獨立的司法審判以及自由選舉的權利——這些都是中華人民共和國人民所沒有的權利。

自二〇二〇年以來，香港的自治實際上已不復存在。在二〇一四年到二〇一九年期間，數十萬香港人一再上街，最初是抗議縮限香港民主的個別法律，之後抗議活動演變成持續數週占領政府所在區域的示威靜坐，中國領導層於是在二〇二〇年七月一日，幾乎是在一夜之間實施了國家安全法。從那時起，任何政治反對力量都會遭到懲罰——甚至可以溯及既往。大多數民主運動人士從那時起都被監禁，許多人逃離了這個城市，許多組織被迫解散，大多數獨立媒體被關閉或屈服於北京的意志，不再進行批判性的報導。英國原先在《中英聯合聲明》中曾表示將作為維護香港特殊權利的保障人，但最後只發表了沒有作用的抗議聲明。其他歐盟國家和德國也是如此。因此中國的做法並沒有帶來嚴重後果。當一九八〇年，英國把香港移交給中華人民共和國，並簽署規範此移交的條約，人們普遍認為，如果中國不遵守條約，就可以對其實施制裁。然而北京已經變得太強大，西方企業的依賴程度太高，已無法認真跟中共領導層對抗。唯一還敢這麼做而且願意承擔後果的，只剩美國。香港，這個中華人民共和國境內最後一個言論自由的堡壘，就這樣被放棄了。

台灣與一中政策

在習近平的領導下，中華人民共和國與台灣的關係也變得更加緊張。這個現在已完全轉型為民主國家模範的地方，從九〇年代初期開始就對中華人民共和國的經濟崛起做出大幅的貢獻。數十萬台灣人在大陸投資，他們的餐廳、咖啡館、服務業在上海和杭州改變了整個街區的風貌，特別是用工廠設備和資金推動中國前進。台灣人的知識轉移也受到歡迎，包括技術知識和管理經驗的傳遞。

雖然台灣和中國仍然互不承認對方為獨立國家，各自堅持自己版本的一中政策。即使在習近平上台之前，北京也常擺出威脅的姿態。但是在經濟上，兩岸卻愈來愈接近。在二〇〇〇年代，當我探訪台北的親戚，街上看到的要麼是年輕人，要麼是老人。中年一代都在中國大陸工作。

然而正是台灣的年輕人愈來愈擔心對中華人民共和國的經濟產生依賴。二〇一四年，數萬年輕人走上街頭，抗議保守的國民黨政府準備與北京簽署一項經濟協議[19]，這項協議將允許大陸投資者來台投資。相反方向的投資則早就可以了。只是差別在於：台灣有二千三百萬人口，中國大陸有十四億人口。根據這項協議，大陸人可以大規模、迅速地收購台灣的房地產、公司、工廠。抗議非常激烈，以致國民黨政府中止了與中國的談判，協議沒有成功。

從歷史上看，國民黨和共產黨是死敵，但在政治上都堅持通過經濟接近來繼續追求一個中國。我的父母也屬於支持一中政策的一代。他們當然不是支持在北京共產黨領導下的統一，但他們認為雙方接近是正確的。不過這個世代已經年邁。在反對黨民進黨中則聚集著支持正式獨立的力量。他們中許多人曾受到國民黨政府的迫害；蔣介石領導的政府實施威權統治，所謂的白色恐怖一直持續到一九八七年。二〇一四年，國民黨先是在地方選舉中失利，最後在二〇一六年的總統和國會選舉中也敗選。新任民進黨總統蔡英文在就職演說中雖然正式表示要維持現狀。但同時她強調台灣的身分認同。

習近平注意到台灣年輕一代對一中政策態度的變化，並宣布要在他任內「解決」台灣問題。他公開威脅要以武力奪取台灣。二〇二二年夏天的危機顯示，他不在乎冒險讓衝突升級。當時美國高層政治人物裴洛西訪問台灣，他的回應是派出大規模艦隊進入島嶼周邊水域，甚至發射飛彈越過台灣人頭頂上空。在習近平的領導下，中國對台灣採取軍事行動

19 編注：即「兩岸服務貿易協議」，台灣民眾一般簡稱「服貿」協議。該抗爭運動一般稱「太陽花學運」。

的可能性比過去高出許多。

習近平在新疆的罪行

在過去幾年裡，習近平讓數十萬穆斯林維吾爾人被監禁。目擊者報告說，他們受到強迫勞動、洗腦、強制絕育、虐待、酷刑。數百萬維吾爾人受到系統性監控。獨立觀察者估計，在大約一千二百萬維吾爾人中，一度有超過一百萬人被關在監獄或所謂的再教育營中，沒有法律援助，其中許多人不只一次被拘禁數月甚至數年。而這類再教育營，照中國官方說法，已經被廢除。有鑑於這種迫害如此殘酷、規模如此巨大，人權組織，法國加拿大荷蘭等國的議會以及美國政府，都稱之為「文化性的種族滅絕」。中國想要把維吾爾人的身分認同完全抹去。二〇一二年，福斯汽車與中國合作夥伴上汽建立的一家工廠偏偏就坐落在這個地區。工廠本身沒有強迫勞動，但是供應鏈中是否有維吾爾人被強迫勞動的狀況，則無法確切證明，因為那個地區被國家嚴格封鎖。記者和獨立觀察者多年來已經無法進入大多數維吾爾人居住的新疆。[20]

在國家資本主義之外，習近平還建立了一個龐大的權力機器，這個機器不只能用破紀錄的速度興建機場和高速公路，也用同樣堅決的態度設置監控設施和拘留營，擴充海軍艦隊並恫嚇鄰國。在這種威權主義的，部分來說甚至已經是極權主義的改造下，中國的國際形象受到嚴重損害。這個狀況已經導致實際可見的損失，比如中國的貨物因反強迫勞動的法律而被扣留在紐約。不過習近平可能對此並不在意。這也顯示出他已經徹底背離了過去前任領導人的政策。對他來說，權力比經濟成果更重要。中國長期以來給西方造成一種印象：中國對和平發展有興趣，對人民的福祉有興趣，而沒有其他暗地裡的盤算。但在習近平統治下，這被證明只是一個用來遮掩權力擴張政策的幌子。貿易夥伴不論大小，如果不順從中國，中國就以取消貿易協議進行公開威脅。立陶宛在與台灣建立更密切的合作關係時就經歷過這種情況。這樣一來，那些主張「用貿易促進改變」的人（福斯汽車也屬於這一群）有一個至為關鍵的假設就再也不成立了，那就是：要知道中國的策略，只要看它的經濟目標就可以大致可靠地預測出來。

失落的希望

即使在二〇一三年之前的「黃金時期」，中國也是一個獨裁國家，其政策向來備受爭

20 編注：歷經多年爭議，德國福斯汽車於二〇二四年十一月二十七日宣布，出於經濟原因，將把新疆廠出售給中國國有企業上海臨港經濟發展集團。

議。但那時我們都願意相信中國的發展會得到正面的結果。這符合我們對西方模式已經勝利的想像。我們認為所有人慢慢走向民主與資本主義體制是不可避免的趨勢。最後我們也把這種願望和期待投射到中國身上。

在過去這幾十年中，特別是在一九八九年六月四日之後，西方對於中國侵犯人權的問題原本應該採取更為謹慎和更有戰略考量的做法。中國共產黨一直是專制統治，不論在毛澤東、鄧小平或其繼任者的時期都是如此。誰敢批評黨機器和體制，就會被整肅。在胡錦濤和溫家寶領導的二〇〇〇年代也不例外。例如二〇〇八年春季對藏人的迫害，以及對藏人抗議的殘酷鎮壓，就發生在他們執政期間。

中國這樣的轉變以及政治封閉乍看之下令人意外。今天我們主要把原因歸到習近平這個人身上。但是這種自信與侵略性的路線一直是包含在中國的發展之內的。鄧小平之所以表現得不那麼強勢和好鬥，也是由於他當時的條件所決定：那時候中國比西方弱小。

然而自從習近平執政以來，西方政經界人士已經對中國有了新的評估。在德國，有不少人最想放下「用貿易促進改變」的想法，盡快結束這個給各方帶來大量財富的篇章，把這個巨大的帝國重新推回那個遙遠的角落，在那裡，它直到七〇年代末為止都沒有出來讓別人頭痛過。這些人講的是「脫鉤」，即與中國完全分離。俄羅斯對烏克蘭的侵略戰爭讓這些人更堅持這種想法。這路線標舉的是，只跟友好的民主國家進行貿易和經濟關係。但作為世界第二大出口國的德國敢這麼做嗎？這將帶來巨大的財富損失。

另外也有一些人認為，失去中國市場就無法在全球保持競爭力，而且擺出一副好像德國可以跟以前一樣繼續和中國做生意的模樣。

但有一點是確定的：中國在所有全球問題上都已經是一個核心角色，無論在氣候變遷、貿易問題、原材料與天然資源等方面，更不用說作為全球最大的銷售市場和生產基地。跟中國脫鉤，德國人受到的傷害可能會最大。作為出口國，許多產業將不得不完全重新調整商業模式。

然而，關於退出中國市場或甚至貿易戰，這並不是德國能做的決定，而會取決於地緣政治衝突。美國視中國為其最大的對手之一，認為必須加以遏制，也要求德國人採取明確立場。如果中美衝突升級，德國絕大多數人很可能站在美國這邊——因為德國國防對美國的依賴太大了。

但貿易戰也可能由中國發起。在與美國的貿易戰中，習近平提出了「雙循環」的戰略。一方面要在技術上擺脫對西方的依賴，實現自主。另一方面，要讓全世界依賴中國的商品和零組件。這是一個經濟戰的作戰宣言，歐洲人至今還沒有一個答案。

在梅克爾擔任總理期間，聯邦政府在對中關係上從二〇一三年以來仍毫不動搖地堅持貿易和經濟合作。在擔任總理期間，她訪問中國的次數超過了她去任何其他非歐洲國家。梅克爾與她的前任不同，她對於中國會按照西方的方式民主化幾乎不抱希望。但是她懷抱的一個願景是許多德國主流菁英所共有的。她這種態度從來沒有明確表達過，但是總結來說大概是：透過中國和西方之間愈來愈緊密的經貿關係，我們至少可以緩和衝突。畢竟西方與中方都需要對方，經濟依賴總是相互的。也許更多的經濟合作還是能使社會更加開放？她的想法並非完全錯誤。這樣的發展確實曾經出現過，一直到習近平上任為止。

儘管今天的中國比她十六年任期開始時更加專制，我父親仍然為梅克爾的政策辯護。畢竟他與其他大多數商人、學者、幾乎所有跟中國打交道而且為這個國家奉獻人生中許多寶貴光陰的人，都是出於相同的基本想法行動。

父親年輕時的夢想是為中國帶來機動化。如果他後來的雇主福斯汽車能從中受益，那更好。

後來，中國市場的規模快速發展，超過了已開發國家市場。德國企業集團在中國的營收比重不斷增加。福斯汽車裡，這個比重已經超過三分之一。我們還住在北京時，這個比重仍小到可忽略不計。

現在福斯汽車在中國有三十三家工廠。「我們從來沒想過會有這麼大的規模。」我父親在陽台上對我說。他那時候只有三家工廠。「有沒有人警告過依賴性過高的問題？」我問他。「有的。就像對俄羅斯天然氣的依賴性一樣，也有人警告，但是沒有人愛聽。所以誰還想當潑冷水的人呢？」

福斯汽車——一家總部設在德國的中國企業？

過去中國依賴福斯汽車，如今福斯汽車依賴中國。這不只是福斯汽車管理層的問題，也是整個德國的問題。試想，如果德國和中國發生重大衝突，比如因為台灣問題，導致了貿易中斷，從而影響到德國的經濟成長和就業市場；而恰恰，健康的經濟對聯邦德國而言是理所當然的基墩之一。無法想像，如果西方因為一場戰爭（比方犯台）而對中國實施全面制裁會有什麼後果。

這樣的衝突將特別衝擊到兩種產業：機械製造業和汽車工業。它們將不得不放棄來自中國的廉價供應商，轉而從其他國家採購更昂貴的零件。參與這樣的制裁，對德國來說將是一個艱難的決定。至少各界將激烈辯論，像BMW、賓士、巴斯夫、西門子這樣的大公司以及大部分中小企業，是否承受得了這種制裁的影響。現在的狀況是，如果沒有中國的電池、稀土或電子零組件，這些公司什麼都做不了，而換個方向看，如果沒有中國市場，這些公司就會失去很大一部分的營收。

然而沒有任何一家德國公司受到的打擊會比福斯汽車更嚴重。如果福斯汽車失去中國市場，這家狼堡的公司在國際上將立刻失去競爭力。這將是福斯汽車的末日。

我想到我出生的城市狼堡。它也從中國的繁榮中獲益匪淺。我也想到我自己。如果沒有中國市場，我父親可能不會晉升為福斯汽車的高階經理人。狼堡藝術博物館很可能就不會存在，斐諾自然科學中心[21]也不會存在，狼堡足球俱樂部的比賽就不會在如此宏偉的體育場裡舉行。這些機構設施都是福斯汽車公司慷慨捐贈而來的。而福斯汽車的財富又要歸功於在中國的生意。如今狼堡以及奧迪總部英格爾施塔特，按照居民平均經濟力計算，是德國最富有的兩個城市。

現在福斯汽車與中國經濟的連結如此緊密，你很難說福斯汽車是最中國化的國際汽車製造商，還是最國際化的中國汽車製造商。福斯集團是否幾乎已經變成一家總部設在德國的中國企業？狼堡讓這個正在崛起的發展中國家實現了機動化。當我思考一個如此大的德國集團是如何陷入對一個威權的非法治國家的依賴，我無法不同時想到父親的故事。他在貧困中、在飽受戰火蹂躪的南京長大，最渴望的就是中國能成為一個現代化國家，擁有火車、公車、汽車，這些他童年時只能從關於西方的故事中聽說的事物。

21 譯注：Phaeno，德國最大的科學展覽館之一，由知名建築師札哈·哈蒂（Zaha Hadid）設計。

致謝

首先我要感謝我的父親，謝謝他同意這本書的出版。

我要特別感謝芬・梅耶－庫克克，他是我在北京和柏林的朋友、顧問、同事。他鼓勵我寫這本書，並督促我把它完成。

我還要感謝我在《日報》的同事馬丁・賴希特。他在二〇一五年第一次建議我，可以寫一篇文章來介紹我父親的故事。

我也要感謝《日報》。我這個寫書計畫一直得到《日報》溫暖的支持。

我的經紀人漢娜・萊特格布博士在這本書的寫作與出版上給予很多協助，我非常感謝她。

我也要感謝我的編輯麥克兒・內多。沒有她，這本書就不會出版。

我特別感謝我的母親梁雅貞。她喚醒了我對文學和新聞專業的興趣。我能成為記者和作家，要歸功於她的幫助與支持。她也是在我父親所有決定中，在身邊幫助與支持他的那個人。

班貝格 Bamberg
凱斯托夫 Kästorf
斯圖加特 Stuttgart
雷姆沙伊德 Remscheid
漢諾威 Hannover

書報名、節目名

《小鈕釦吉姆》*Jim Knopf*
《日報》*taz*
《世界報》*Welt*
《明鏡週刊》*Der Spiegel*
《狼堡新聞報》*Wolfsburger Nachrichten*
《畫報》*Bild*
《經濟週刊》*WirtschaftsWoche*
六十分鐘 60 Minutes
每日新聞 Tagesschau

其他

日航酒店 Hotel Nikko
卡施塔特（百貨公司）Karstadt
阿勒爾（公園）Allerpark
格拉茨（大學）Graz
防衛運河（Landwehrkanal，又音譯為蘭德韋爾運河）
假日酒店 Holiday Inn
羅伯特·博世基金會 Robert-Bosch-Stiftung
羅特霍夫（酒店）Rothehof

名詞對照

人名

于爾根・貝爾特蘭 Jürgen Bertram
巴里・艾肯格林 Barry Eichengreen
戈巴契夫 Michail Gorbatschow
加加林 Juri Gagarin
卡爾・哈恩 Carl Hahn
史達林 Josef Stalin
瓦爾特・萊斯勒・基普 Walther Leisler Kiep
君特・哈特維希 Günter Hartwich
沃夫岡・林克 Wolfgang Lincke
東尼・施穆克 Toni Schmücker
法蘭西斯・福山 Francis Fukuyama
芬・梅耶－庫克克 Finn Mayer-Kuckuk
威爾・沃爾夫 Will Wolf
施特勞斯 Franz Josef Strauß
施羅德 Gerhard Schröder
柯林頓 Clinton
約翰・拉貝 John Rabe
韋納・施密特 Werner P. Schmidt
埃貢・巴爾 Egon Bahr
恩斯特・費亞拉 Ernst Fiala
海因茨・鮑爾 Heinz Bauer
海爾穆・施密特 Helmut Schmidt
海爾穆・柯爾 Helmut Kohl
馬丁・波斯特 Martin Posth
馬丁・賴希特 Martin Reichert
梅克爾 Angela Merkel
湯瑪斯・阿奎納斯・墨菲 Thomas Aquinas Murphy
奧莉安娜・法拉奇 Oriana Fallaci
楊・胡佛 Jan Hofer
漢娜・萊特格布博士 Dr. Hanna Leitgeb
漢斯－約阿希姆・保爾 Hans-Joachim Paul
裴洛西 Nancy Pelosi
赫爾曼・施蒂比格 Hermann Stübig
赫魯雪夫 Nikita Chruschtschow
薇莉 Willie

地名

下薩克森邦 Niedersachsen
巴登 Baden
亞琛 Aachen
東威斯特法倫 Ostwestfalen
波昂 Bonn
阿默蘭德島 Ameland
哈茨山 Harz
威斯摩蘭 Westmoreland
施瓦本 Schwaben
英格爾施塔特 Ingolstadt
韋斯特哈根 Westhagen
格羅瑟克萊 Große Kley
狼堡 Wolfsburg，又譯沃爾夫斯堡

Pantsov, Alexander V. / Stefen I. Levine: Mao. Die Biographie, S. Fischer Verlag, Frankfurt am Main 2014

Paulson, Henry M. Jr.: Dealing with China. An Insider Unmasks the New Economic Superpower, Hachette, New York 2015

Research Directorate, Immigration and Refugee Board, Canada: China: Pro-democracy student demonstrations in Shanghai; arrest and detention in Shanghai, in particular members of Unity of Labour, 1. 4. 1990, online abrufbar: https://www.refworld.org/docid/3ae6abf910.html [letzter Abruf: 12. 12. 2022]

Rowen, Ian: Transitions in Taiwan. Stories of the White Terror, Cambria Press, Amherst 2021

Schell, Orville: Das Mandat des Himmels. China: Die Zukunft einer Weltmacht, Rowohlt Verlag, Berlin 1995

Stöber, Silvia: Was geschah auf dem Tiananmen-Platz?, in: ARD, Tagesschau, 7. 10. 2019, online abrufbar: https://www.tagesschau.de/faktenfinder/china-tiananmen-massaker-101.html [letzter Abruf: 9. 12. 2022]

Tagesschau, ARD, 4. 6. 1989, online abrufbar: https://www.youtube.com/watch?v=kgYaM_WOOx4 [letzter Abruf:2. 5. 2022]

Tiananmen Square Protests 1989: China's Premiere Meets Student Protestors, ABC News, 18. 5. 1989, online abrufbar: https://www.youtube.com/watch?v=m4XHytFbvHU [letzter Abruf 22. 12. 2022]

Vogel, Ezra F.: Deng Xiaoping and the Transformation of China, Harvard University Press, Cambridge 2011

Wickert, Erwin: John Rabe. Der gute Deutsche von Nanking, Deutsche Verlags-Anstalt, München 1997

Die Schreibweise chinesischer Namen folgt der im Deutschen überwiegend gebräuchlichen Transkription.

參考資料

Chang, Iris: The Rape of Nanking. The Forgotten Holocaust of World War II, Basic Books, New York 1997

Dai, Narisa Tianjing: Control Dynamics in a Chinese-German Joint Venture, The London School of Economics and Political Science, London 2010, online abrufbar: http://etheses.lse. ac.uk/2399/1/U615348.pdf [letzter Abruf: 5. 11. 2022]

Deng Xiaoping interviewed by Oriana Fallaci, 1980, online abrufbar: https://redsails.org/deng-and-fallaci [letzter Abruf: 3. 11. 2022]

Deng Xiaoping, Interview with Mike Wallace of 60 Minutes, 2. 9. 1986, online abrufbar: https://china.usc.edu/deng-xiaoping-interview-mike-wallace-60-minutes-sept-2-1986 [letzter Abruf: 22. 12. 2022]

Erling, Johnny: VW und die Krux mit chinesischen Namen, in: Die Welt, 16. 7. 2003, online abrufbar: https://www.welt.de/print-welt/article246690/VW-und-die-Krux-mit-chinesischen-Namen.html [letzter Abruf 20. 12. 2022]

Jungblut, Michael: Volkswagen für die Volksrepublik, in: Die Zeit, Nr. 43, 18. 10. 1985, online abrufbar: https://www.zeit.de/1985/43/volkswagen-fuer-die-volksrepublik/komplettansicht [letzter Abruf: 4.11.2022]

Karl, Rebecca E.: Mao Zedong and China in the Twentieth-Century World. A Concise History, Duke University Press, Durham 2010

Lee, Felix: Korruption gibt es nur bei innerparteilichen Rivalen, in: taz, 4. 9. 2013, online abrufbar: https://taz.de/!453925 [letzter Abruf 20. 12. 2022]

Lee, Felix: Macht und Moderne. Chinas großer Reformer. Deng Xiaoping. Die Biographie, Rotbuch Verlag, Berlin 2014

MacFarquhar, Roderick / Michael Schoenhals: Mao's Last Revolution, Harvard University Press, Cambridge 2008

Manning, Kimberley Ens / Felix Wemheuer (Hg.): Eating Bitterness. New Perspectives on China's Great Leap Forward and Famine, University of British Columbia Press, Vancouver 2011

父親，福斯汽車與中國

China, mein Vater und ich

父親，福斯汽車與中國
／李德輝（Felix Lee）著；區立遠譯.
－初版.－臺北市：麥田出版：英屬蓋曼群島商家庭傳媒股份有限公司城邦分公司發行，2025.01
面；　公分
譯自：China, mein Vater und ich : Über den Aufstieg einer Supermacht und was Familie Lee aus Wolfsburg damit zu tun hat.
ISBN 978-626-310-827-1（平裝）
1.CST: 福斯汽車公司(Volkswagen) 2.CST: 汽車業 3.CST: 產業發展 4.CST: 中國
484.3　　113019566

封面設計　莊謹銘
內文排版　黃暐鵬
印　　刷　中原造像股份有限公司
初版一刷　2025年1月

定　　價　新台幣380元

I S B N　978-626-310-827-1
e I S B N　9786263108264（EPUB）
Printed in Taiwan
本書若有缺頁、破損、裝訂錯誤，請寄回更換。

作　　者　李德輝（Felix Lee）
譯　　者　區立遠
責任編輯　翁仲琪
國際版權　吳玲緯　楊　靜
行　　銷　闕志勳　吳宇軒　余一霞
業　　務　李再星　陳美燕　李振東
副總經理　何維民
編輯總監　劉麗真
事業群總經理　謝至平
發 行 人　何飛鵬

出　　版

麥田出版
11563台北市南港區昆陽街16號4樓
電話：(02)2500-7696　傳真：(02)2500-1967
網站：http://www.ryefield.com.tw

發　　行

英屬蓋曼群島商家庭傳媒股份有限公司城邦分公司
11563台北市南港區昆陽街16號8樓
網址：http://www.cite.com.tw
客服專線：(02) 2500-7718; 2500-7719
24小時傳真專線：(02) 2500-1990; 2500-1991
服務時間：週一至週五09:30-12:00；13:30-17:00
劃撥帳號：19863813　戶名：書虫股份有限公司
讀者服務信箱：service@readingclub.com.tw

香港發行所

城邦（香港）出版集團有限公司
香港九龍土瓜灣土瓜灣道86號順聯工業大廈6樓A室
電話：+852-2508-6231　傳真：+852-2578-9337
電郵：hkcite@biznetvigator.com

馬新發行所

城邦（馬新）出版集團【Cite(M) Sdn. Bhd. (458372U)】
41, Jalan Radin Anum, Bandar Baru Sri Petaling,
57000 Kuala Lumpur, Malaysia.
電話：+603-9057-8822　傳真：+603-9057-6622
電郵：services@cite.my